国家自然科学基金项目(52004286,51974317,52074296)资助
中国博士后科学基金项目(2020T130701,2019M650895)资助
河南理工大学博士基金项目(B2020-35)资助

# 深部充填留巷围岩偏应力演化规律与控制

岳帅帅　陈冬冬　谢生荣　著

U0337647

中国矿业大学出版社

· 徐州 ·

# 内 容 提 要

本书针对深部充填留巷围岩所处的复杂力学环境,从理论、技术、实践三个方面对深部充填留巷围岩应力演化与控制技术进行了深入浅出的分析和论述。本书主要内容包括深部充填留巷工程概况及充填材料物理力学试验、深部充填留巷围岩偏应力时空演化规律、充填留巷围岩偏应力时空演化因素分析、深部充填留巷围岩球应力时空演化规律、基于深部充填留巷围岩偏应力与球应力演化的非对称控制及应用等。本书总结提出了深部充填留巷围岩"三位一体＋非对称支护"系统,形成了深部充填留巷围岩协同控制的原理方法,相关研究丰富了深部充填留巷围岩控制领域的理论与技术体系。

本书可供矿业领域科研工作者、工程技术人员及高等院校相关专业的师生学习和参考。

## 图书在版编目(CIP)数据

深部充填留巷围岩偏应力演化规律与控制 / 岳帅帅,
陈冬冬,谢生荣著. —徐州 : 中国矿业大学出版社,
2021.12

ISBN 978 - 7 - 5646 - 4986 - 9

Ⅰ. ①深… Ⅱ. ①岳… ②陈… ③谢… Ⅲ. ①深部采
矿法－充填法－围岩稳定性－研究 Ⅳ. ①TD325

中国版本图书馆 CIP 数据核字(2021)第 047814 号

| | |
|---|---|
| 书　　名 | 深部充填留巷围岩偏应力演化规律与控制 |
| 著　　者 | 岳帅帅　陈冬冬　谢生荣 |
| 责任编辑 | 满建康 |
| 出版发行 | 中国矿业大学出版社有限责任公司 |
| | (江苏省徐州市解放南路　邮编221008) |
| 营销热线 | (0516)83884103　83885105 |
| 出版服务 | (0516)83995789　83884920 |
| 网　　址 | http://www.cumtp.com　E-mail:cumtpvip@cumtp.com |
| 印　　刷 | 徐州中矿大印发科技有限公司 |
| 开　　本 | 787 mm×1092 mm　1/16　印张 11.5　字数 219 千字 |
| 版次印次 | 2021 年 12 月第 1 版　2021 年 12 月第 1 次印刷 |
| 定　　价 | 45.00 元 |

(图书出现印装质量问题,本社负责调换)

# 前　言

　　煤炭是我国的主要能源和重要的工业原料。随着煤炭开采和装备技术水平的不断发展,我国煤炭工业发展迅速,生产力水平大幅提高,为国民经济的持续、健康发展做出了重要贡献。同时,随着煤炭开发强度和广度的持续加大,浅部煤炭资源日益减少,深部开采成为我国未来煤炭资源开采的必然趋势。与浅部煤炭资源开采相比,深部煤炭资源开采所处的"三高一扰动"复杂力学环境使得深部岩体的受力系统变为非线性系统。深部巷道围岩呈现出裂隙异常发育、变形持续时间长、绝对变形量大以及变形非对称性等非线性变形破坏特征,从而导致深部巷道发生的岩爆、冲击地压、煤与瓦斯突出、底板突水、冒顶、支护失效等灾害性事故较浅部巷道发生的程度大、范围广、频率高,灾害发生机理更加复杂,防治更加困难。深部巷道围岩控制已成为国内外采矿工程界研究的热点和焦点,也是深部开采中亟待解决的关键问题之一。沿空留巷具有可提高煤炭采出率、减少巷道掘进量、缓解采掘接替紧张局面、实现工作面 Y 形通风、解决回风隅角瓦斯聚集问题、降低工作面温度、改善作业环境、延长矿井服务年限等优点,是无煤柱开采的重要发展方向。沿空留巷和采空区充填开采均为绿色矿山建设、绿色矿业发展与绿色化开采的关键技术,符合"绿色采矿""科学采矿"的先进理念。

　　随开采深度增加,深部沿空留巷所处的复杂地质力学环境使其围岩破坏特征和控制技术与浅部沿空留巷显著不同,尤其是深部充填留巷(充填工作面留巷)。近年来,深部充填留巷围岩控制问题成为矿业科技工作者和岩石力学工作者关注和研究的热点。根据塑性力学知识可知,围岩应力是偏应力和球应力的叠加,偏应力控制岩体单元形状改变(导致岩体的塑性变形和破坏),球应力控制岩体单元体积改变(控制岩体单元体积的压缩)。由于同时考虑了最大主应力、中间主应力和最小主应力相互作用,偏应力和球应力可以科学地揭示出深部留巷围岩应力演化与围岩变形破坏的相互关系。因此,用偏应力和球应力来分析岩体的应力状态,根据偏应力、球应力和塑性区三大指标提出的深部充填留巷围岩控制技术较以传统方法提出的控制技术更具有科学性和全面性。

本书以邢东矿 1126 深部充填工作面留巷为工程背景,采用实验室试验、数值模拟、理论建模分析和现场工程试验等多种研究方法,对邢东矿深部充填工作面所采用充填体的物理力学性能,深部充填留巷围岩偏应力、球应力和塑性区时空演化规律及其影响因素,充填留巷围岩偏应力、球应力和塑性区的空间位置关系,深部充填留巷围岩控制原理与方法等进行了系统研究,提出了深部充填留巷围岩"三位一体+非对称支护"系统,建立了深部充填留巷围岩非对称支护结构相关力学模型,确定了深部充填留巷围岩非对称支护参数,形成了深部充填留巷围岩协同控制的原理和方法,研究成果对类似深部矿井采用充填开采沿空留巷的围岩控制具有借鉴意义。

本书的完成得到了何富连教授的全面指导和支持;冀中能源集团杨绿刚、谢国强、杜小河、杨军辉、陈锋、邢世坤、乔顺兴、牛小森给予了悉心帮助和支持;张守宝老师、许磊老师提出了许多宝贵意见和建议;课题组成员索海翔、杨波、纪春伟、郜明明、潘浩、张涛等参与了相关工作;河南理工大学、中国矿业大学(北京)和冀中能源集团的很多同志也给予了指导和帮助。在此表示衷心感谢!

由于作者水平所限,书中疏漏之处在所难免,欢迎读者批评指正。

作 者

2021 年 10 月

# 目　　录

# 1 绪 论

## 1.1 研究背景和意义

  煤炭是我国的主体能源和重要的工业原料,2019 年我国煤炭产量达到 38.5 亿 t。在中国新型工业化、城镇化、信息化和农业现代化建设的背景下,煤炭消费在我国一次能源消费中所处的主导地位短期内不会发生改变,且仍将长期保持高位态势。根据国家统计局发布的《中华人民共和国 2019 年国民经济和社会发展统计公报》,2019 年我国煤炭消费量占能源消费总量的 57.7%。然而,随着社会经济发展对能源需求量的增加和煤炭资源开采强度、广度的不断加大,浅部煤炭资源日益枯竭,同时在我国煤炭已探明储量中,埋深 1 000 m 以下的煤炭资源储量占已探明储量的 53%。鉴于此,为保障国家能源需求和能源安全,深部煤炭资源开采将逐渐成为资源开发新常态[1]。

  与浅部煤炭资源开采相比,深部煤炭资源开采所处的"三高一扰动"复杂力学环境使得深部岩体的受力系统变为非线性系统。深部巷道围岩呈现出裂隙异常发育、变形持续时间长、绝对变形量大以及变形非对称性等非线性变形破坏特征,从而导致深部巷道发生的岩爆、冲击地压、煤与瓦斯突出、底板突水、冒顶、支护失效等灾害性事故较浅部巷道发生的程度大、范围广、频率高,灾害发生机理更加复杂,防治更加困难,以致传统的浅部巷道围岩稳定性控制技术已无法满足深部巷道围岩稳定性控制的要求。因此,需正确认识深部巷道围岩非线性应力分布和非线性变形破坏特征,从而提出有针对性的深部巷道围岩控制技术。深部巷道围岩控制成为国内外采矿工程界研究的热点和焦点[2],也是深部开采中亟待解决的关键问题之一。

  留煤柱开采造成的资源采出率低、资源浪费严重和采掘接替紧张等一系列问题越来越突出,且留煤柱开采造成的应力集中现象也越来越严重。随着我国煤炭资源可持续发展战略的提出和煤矿机械化装备水平的不断提高,沿空留巷无煤柱开采逐渐成为我国深部矿井煤炭资源开采的重要技术路径和发展方向。沿空留巷无煤柱开采是指在相邻工作面开采后,沿着采空区边缘将相邻工作面巷道保留下来供本工作面开采使用。沿空留巷具有可提高煤炭采出率、减少巷道掘进量、缓解采掘接替紧张局面、实现工作面 Y 形通风、解决回风隅角瓦斯聚集问题、降低工作面温度、改善作业环境、延长矿井服务年限等优点[3-4]，是无煤柱开采的重要发展方向。沿空留巷和采空区充填开采均为绿色矿山建设、绿色矿业发展与绿色化开采的关键技术，符合"绿色采矿""科学采矿"的先进理念。矿业科技工作者经过不断探索与实践，在深部沿空留巷围岩控制理论与技术方面取得了较大的进展，但对深部充填留巷（充填工作面留巷）围岩稳定性控制研究较少。

国内外对沿空留巷围岩控制的研究主要针对的是全部垮落法处理采空区条件下沿空留巷覆岩活动特征与力学机制、围岩应力演化规律以及巷内与巷旁支护机理与技术等方面。且对沿空留巷围岩结构力学分析多侧重以单一水平应力、垂直应力或剪切应力为研究依据。根据塑性力学知识[5]可知，围岩应力是偏应力和球应力的叠加，偏应力控制岩体单元形状改变（导致岩体的塑性变形和破坏），球应力控制岩体单元体积改变（控制岩体单元体积的压缩）。由于偏应力和球应力同时考虑了最大主应力、中间主应力和最小主应力的相互作用，所以其可以更好地揭示出围岩应力演化与围岩变形破坏的相互关系。可见，用偏应力和球应力来分析岩体的应力状态，并根据偏应力、球应力和塑性区三大指标和手段（即多指标、多手段）提出的深部充填留巷围岩控制技术较以传统方法提出的控制技术更具有科学性和全面性。目前，针对深部充填留巷围岩偏应力和球应力时空演化规律及控制研究相对处于起步阶段。

本书采用实验室试验、数值模拟、力学建模、现场实测等方法，从深部充填留巷围岩偏应力和球应力时空演化的本质特征出发，重点研究深部充填留巷围岩偏应力、球应力时空演化规律与控制，并对充填留巷围岩偏应力和球应力影响因素进行分析。这对认识深部充填留巷围岩真实应力分布和围岩破坏特征，丰富深部充填留巷围岩控制理论与技术体系及保障矿井安全高效开采具有重要意义。

# 1.2　研究现状

## 1.2.1　深部巷道围岩控制研究现状

随着我国煤炭资源开采强度和广度的持续加大，浅部煤炭资源逐渐枯竭，深部煤炭资源开采将逐渐成为常态。逐渐进入深部煤炭资源开采的矿井，其地质力学环境较浅部煤炭资源开采时发生了本质的改变，深部煤炭资源开采普遍处于"三高一扰动"复杂地质力学环境中，在此条件下，深部岩体的受力系统属于非线性系统，深部巷道围岩具有非线性大变形的破坏特征，与浅部巷道围岩存在明显差异。中硬工程岩体在浅部地质力学环境中表现出其固有的变形破坏特征,然而进入深部地质力学环境后,其变形破坏表现出软岩特征,即进入深部后,浅部工程中硬岩逐渐演变成深部工程软岩,从而产生一系列支护难题,引起了国内外矿业科技工作者和岩石力学工作者对深部开采岩石力学问题的广泛关注和研究[6]。

（1）深部巷道围岩应力场分布研究

煤及岩层采动前,在原始应力作用下处于三向受力的平衡状态。煤及岩层采动后,由于支撑条件改变,其原始应力平衡状态遭到破坏,各岩层边界上的作用力为寻求新的应力平衡而产生应力重新分布,重新分布后的应力在一定采掘空间形成采动应力场,并随着采矿活动和时间推移不断演化。巷道开挖后,在服务期内会受到二次或多次采动影响,为巷道支护带来了困难。长期以来,采场矿压理论和巷道矿压理论一直是国内外矿业科技工作者研究的重要课题,他们通过大量的理论和实践研究,得到了许多有益成果,促进了围岩控制理论的发展。

20 世纪以来,矿业科技工作者针对覆岩活动产生的矿山压力现象,建立了许多岩体结构力学分析模型,形成了各种矿山压力假说。压力拱假说对采煤工作面前后的支承压力及回采工作空间处于减压范围作出了较经典的解释;悬臂梁假说认为工作面和采空区上方的顶板可视为悬臂梁,对距煤壁越远顶板下沉和支架载荷越大的现象及工作面出现周期来压现象作出了解释;铰接岩块假说认为工作面上覆岩层的破坏区域分为垮落带和规则移动带,对工作面覆岩分带情况作出了解释,提出了铰接岩块间的平衡关系是三铰拱式的平衡;预成裂隙假说认为工作面周围存在应力降低区、应力增高区和采动影响区,三个区域随工作面移动而移动,顶板岩层将发生明显的假塑性弯曲;传递岩梁假说[7-9]以上覆岩层运动为中心,认为岩梁运动时的作用力始终能通过岩块间相互咬合,将其传递到煤壁前方和采空区矸石上,同时支架对直接顶的控制方式和对基本顶岩梁的控制方式可分别采用"给定载荷"工作方式、"给定变形"工作方式,以实现对动力灾害的科学预测和有效防治;砌体梁假说[10-14]给出了破断岩块的铰接关系及平衡条件,提出了基本顶结构变形失稳和滑落失稳的判断准则,并对基本顶破断时在岩体中引起的扰动现象进行了研究。上述经典理论,对指导煤矿生产实践起到了重要作用。

基于经典理论,矿业科技工作者对围岩采动应力场进行了相关研究,并取得了丰硕的研究成果。康红普等[15-16]认为煤矿井下应力场分为原岩应力场、采动应力场及支护应力场,其中支护应力场包括围岩中应力场和支护体内部应力场,三者共同构成了井下综合应力场,并从时间和空间上对三个应力场的相互作用关系分别进行了阐述。谢广祥等[17-25]基于现场实测、数值模拟、相似模拟和理论计算,深入研究了长壁工作面采场及相邻巷道围岩三维力学特征,认为采场围岩存在由高应力束组成的三维应力壳,构建了采动应力壳演化的三维分析模型,并对工作面长度效应、采高效应、岩性效应的影响因素进行了研究,进而揭示了采场和巷道围岩支承压力分布和矿山压力显现的本质规律。高延法等[26]认为深部巷道围岩具有流变性是巷道围岩应力场发生演变的原因,岩石的应力状态与其强度极限接近程度决定了岩石是否发生流变,提出了岩石强度极限邻域和极限接近度的概念,并对深部巷道围岩应力场演化规律进行了分析。刘金海等[27]认为孤岛工作面回采形成的采动支承压力形似 C 形,通过数值模拟对工作面回采过程中煤体支承压力演化形态和分布规律进行了深入探讨。谢和平等[28]通过相似模拟试验研究了采动岩体破坏形态和裂隙分布状态,得出了采动岩体裂隙分布具有统计自相似分形性质,为建立岩体结构变化与采动应力响应之间的物理关系创造了条件。蒋力帅等[29]基于围岩应力与采空区压实耦合作用,对采动影响下裂缝带岩体的力学特征及其对采动应力场的影响进行了研究,提出了采动应力与采空区压实承载耦合分析方法。

(2)深部巷道围岩控制理论

深部巷道开挖后,巷道围岩在高应力作用下迅速出现非线性物理力学现象,产生碎胀变形破坏,引起巷道周边破碎岩体增多、巷道围岩非线性大变形剧烈、巷道支护困难等一系列问题,导致灾害事故增多。保持巷道长期稳定及控制围岩大变形是深部开采需要解决的关键问题。

巷道围岩控制理论研究始于浅部煤炭开采。随着浅部煤炭资源逐渐减少,煤炭开采逐渐转入深部,遇到了深部巷道围岩控制不同于浅部巷道围岩控制的情况。矿业科技工作者基于传统巷道围岩控制理论,对深部巷道围岩非线性物理力学现象进行了研究和控制,从而促使深部巷道围岩控制理论和技术的发展。

国外以南非为代表的深部开采研究始于 20 世纪 80 年代,其他国家如俄罗斯、波兰、德国、印度和日本等都进行过相关研究。大量的工程实践和理论研究使巷道围岩控制理论有了比较系统和全面的发展,具有代表性的是古典地压理论[30]、塌落拱理论[31-32]、新奥法[33-35]、能量支护理论[36-37]。

我国学者通过大量工程实践对巷道围岩控制理论进行了卓有成效的研究,提出了多种巷道围岩控制理论,从不同角度、不同条件阐述了巷道围岩支护机理并在巷道工程支护中进行了广泛应用,具有代表性的有岩性转化理论[38-39]、轴变论[40-41]、联合支护理论[42-44]、锚喷-弧板支护理论[45]、围岩松动圈理论[46-47]、应力控制理论[48]、主次承载区支护理论[49]、围岩强度强化理论[50-51]、软岩工程力学支护理论[52-53]、关键承载圈理论[54-55]。

(3)深部巷道围岩控制技术

国内外巷道支护技术经历了从以木支护、砌碹支护、喷射混凝土支护、型钢支护等为代表的被动支护(支护力作用在围岩表面),到以锚杆索支护为主的主动支护(支护力既作用于围岩表面也作用在围岩内部),到目前普遍采用的多种支护方式进行联合支护的漫长过程[56-59]。此外,矿业科技工作者针对采用以上支护仍然无法满足巷道围岩支护要求的情况,提出了注浆加固技术(改善围岩力学性质)[60-61]和将巷道布置于应力降低区(改善围岩应力状态)[62]。深井巷道经常采用由钢架、锚杆索、注浆加固等支护技术中的两种或两种以上组合成的联合支护方式进行强力支护。

袁亮等[63]针对淮南矿区深部岩巷所处的"三高"赋存环境,提出了基于 4 项基本原则的深部岩巷围岩稳定性控制理论,形成了分步联合支护体系。张农等[64]针对淮南矿区深部煤巷围岩赋存条件,提出了深部煤层巷道围岩稳定分级及其对应控制对策。李季等[65]通过研究深部沿空巷道采空区侧方围岩主应力大小和方向,并结合围岩塑性区破坏特征,揭示了深部沿空巷道非均匀大变形机理,提出了巷道冒顶控制技术。马念杰等[66]基于深部采动巷道围岩应力环境,对顶板稳定性因素进行了研究,提出了可接长锚杆支护技术。康红普等[67]通过深井沿空留巷围岩变形与应力分布特征的数值模拟分析,提出了深井留巷支护设计方法。孙晓明等[68]运用数值模拟分析了深部倾斜岩层巷道非对称变形机制,提出了非对称耦合控制对策。张红军等[69]基于深部软岩巷道围岩变形破坏机制,提出了高强高预应力"锚网梁索喷＋锚注"联合支护方案。

## 1.2.2　充填开采研究现状

充填开采是煤矿绿色开采体系的重要组成部分,可以有效地解决"三下"压煤问题,提高煤炭资源采出率,并能有效控制岩层移动及地表沉陷,促进煤矿开采与环境保护协调发展[70-75]。

国外为了控制采区地表沉陷和移动,较早就开始了充填技术研究。20 世纪 40 年代以前国外主要采用废石干式充填技术[76-77]。水砂充填技术是美国最先使用的,20 世纪 40—50 年代其他国家也相继试验并成功应用了水砂充填采煤技术,该技术逐渐成为主要采煤技术[78-80]。1960 年,加拿大首先将胶结充填技术应用于金属矿山中,20 世纪 60—70 年代其他国家也相继研发了胶结充填技术和设备,胶结充填技术所具有的优点,使充填采矿法的面貌焕然一新[81-83]。随着煤炭工业的发展,20 世纪 80—90 年代国外相继发展了高浓度充填技术,包括膏体充填、碎石砂浆胶结充填和全尾矿胶结充填等技术,高浓度充填技术应用于煤矿采空区充填逐渐被重视起来。

我国充填采矿有悠久的历史:① 20 世纪 50 年代以前,采用干式充填技术;

② 20 世纪 60—70 年代,采用水砂充填和胶结充填技术;③ 20 世纪 70—80 年代,采用细砂胶结充填技术;④ 20 世纪 80 年代以后开始发展高浓度胶结充填技术,即高浓度全尾砂胶结充填、高水速凝胶结充填和膏体胶结充填等技术。

21 世纪初,随着我国经济快速发展,各行各业对煤炭的需求量日益增加,煤炭行业进入了黄金发展时期,煤炭产量稳步提高,同时矿井机械化水平也在逐步提高,但传统开采模式引起的采动损害与环境问题日益突出,其中"三下"压煤问题逐渐成为矿井发展的瓶颈之一。充填采煤是实现我国煤炭资源可持续发展,解决煤炭资源开采过程给矿区带来的生态环境问题的有效途径。我国矿业科技工作者经过多年的研发和工业性试验,逐渐形成了固体密实充填采煤技术[84-86]、(似)膏体充填采煤技术[87-88]、高水材料充填采煤技术[89-91]、部分充填采煤技术[92-93]等现代煤矿充填采煤技术,促进了充填采煤技术的发展。

高水材料充填利用高水材料所具有的固水性以实现高水胶结充填,其水体积分数可达 87%~90%。高水充填按一定比例将高水材料和全尾砂加水混合成充填料浆,充入采空区后不用脱水就能凝固成具有一定承载能力的充填体,具有早强快硬特性和良好的流动特性,能够适应井下特殊生产环境。2008 年以来,中国矿业大学研发出超高水材料充填采煤技术,水体积分数可达 95% 以上。超高水材料由 A、B 两种材料构成,A 料以铝土矿和石膏为主料并添加复合缓凝分散剂(AA 料)构成,B 料以石膏和石灰为主料并添加复合速凝剂(BB 料)构成,分别加水配成具有流动性的 A 料、B 料两种单浆液,两者混合均匀后充入采空区,以达到控制地表沉陷目的。超高水材料充填具有如下优点:单浆液长时间不凝结、两浆液混合凝结可控、能充分填充采空区、充填体可自动恢复强度[94-97]。

### 1.2.3 沿空留巷研究现状

沿空留巷无煤柱开采是指在相邻工作面开采后,沿着采空区边缘将相邻工作面巷道保留下来供本工作面开采使用。沿空留巷具有提高煤炭采出率、减少巷道掘进量、缓解采掘接替紧张局面、延长矿井服务年限、改善工作面通风环境等优点,并能够实现前进式和往复式开采,保障矿井安全高效开采[98-102]。沿空留巷可分为传统沿空留巷(窄充填体留巷)和充填工作面留巷。

#### 1.2.3.1 传统沿空留巷(窄充填体留巷)

窄充填体留巷是指采用全部垮落法处理采空区后,沿采空区边缘构筑窄巷旁充填体,将相邻工作面巷道保留下来供本工作面开采使用。针对窄充填体留巷,国内外矿业科技工作者进行了大量的研究工作,取得了丰富的成果。

国外沿空留巷技术已有较长的发展历史[103-104]。苏联 20 世纪 60 年代开始推广沿空留巷技术,并对巷旁支护材料进行了大量研究。德国开始采用无煤柱沿空留巷时,巷旁支护多采用木垛、矸石带等,到了 20 世纪 60 年代末研发出硬石膏加硅酸盐水泥、矸石加胶结料等低水材料进行巷旁充填,并得到推广应用。英国、波兰也根据本国资源特点研究和应用了符合其条件的沿空留巷技术,英国于 20 世纪 70 年代末开展了高水速凝巷旁充填材料的研发工作,高水材料因其速凝早强的特点,迅速得到推广应用。

我国沿空留巷技术的研究始于 20 世纪 50 年代,其形成和发展过程主要经历了四个阶段:第一阶段(20 世纪 50 年代),以现场实测和宏观规律研究为主;第二阶段(20 世纪 60 年代至 70 年代),以沿空留巷的矿压显现机理研究为主;第三阶段(20 世纪 80 年代至 90 年代),以完善沿空留巷机理和理论、丰富沿空留巷技术研究为主,其间中国矿业大学成功研制出高水速凝材料,使巷旁充填技术快速发展;第四阶段(20 世纪 90 年代以后),随着我国煤矿开采条件由薄煤层逐渐过渡到中厚煤层甚至特厚煤层,由浅部煤层逐渐过渡到深部煤层,沿空留巷技术也相应地应用到相关领域。

(1) 沿空留巷上覆岩层活动规律

沿空留巷上覆岩层与邻近工作面上覆岩层为同一岩层,其活动规律与邻近工作面回采时上覆岩层的活动规律既有联系又有区别。针对采场上覆岩层活动规律,我国学者钱鸣高院士提出了采场上覆岩层的"砌体梁"力学模型[105-106],并深入研究了"砌体梁"结构的"S-R"稳定原理[107],同时针对基本顶破断特征,提出了顶板"O-X"破坏规律[108],最后通过研究采场岩层移动规律,形成了关键层理论[109-110]。此外,宋振骐院士提出了"传递岩梁"力学模型。这些理论成果为人们研究沿空留巷上覆岩层活动规律提供了思路和方向。

工作面回采后,采空区基本顶达到极限强度后,沿破断线形成"O-X"破断,随工作面推进基本顶发生周期性破断,产生关键块 B(位于工作面采空区靠煤体侧)、关键块 C(位于工作面采空区垮落矸石上),关键块 B 在工作面端头呈弧形(即弧形三角块),如图 1-1 所示。沿空留巷位于弧形三角块的下方,沿空留巷的围岩力学性能受到弧形三角块稳定状态及位置的影响,三角块对沿空留巷围岩结构的稳定起到控制作用。针对沿空留巷围岩力学环境和破坏特征,矿业科技工作者对沿空留巷上覆岩层活动规律和稳定状态开展了相关研究。

宋振骐等[111]通过建立采场结构力学模型,得出内外应力场理论,认为沿空留巷合理位置在内应力场中。李迎富等[112]、陈勇[113]通过建立沿空留巷基本顶关键块结构的力学模型,探析了关键块与沿空留巷围岩相互作用机制。李化敏[114]将沿空留巷顶板岩层运动按时间分为前期活动、过渡期活动及后期活动三个时期,探析了沿空留巷巷旁充填体与顶板相互作用关系,提出了充填体支护力确定原则。朱川曲等[115]针对综放沿空留巷围岩变形大和围岩支护结构设计

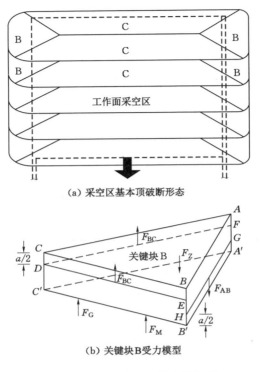

(a) 采空区基本顶破断形态

(b) 关键块B受力模型

图 1-1　弧形三角块力学模型

所考虑的因素具有随机性,建立了综放沿空留巷支护结构可靠性分析模型,为支护参数设计提供依据。侯朝炯等[116]分析了基本顶弧形三角块的受力特点、稳定情况及其对沿空巷道的影响,提出了综放沿空掘巷围岩大、小结构的稳定性原理。陈勇等[117]运用数值模拟对巷内支护与围岩变形、应力分布的关系进行了探析,提出了沿空留巷巷内支护机理。张农等[118]探析了采空侧楔形区顶板的传递承载机制,提出了整体强化的沿空留巷结构控制原理。李胜等[119]建立了综放沿空留巷顶板下沉力学模型,对顶板下沉规律及其影响因素进行分析,提出了顶板下沉控制对策。武精科等[120]探析了深井沿空留巷顶板变形破坏特征,提出了"多支护结构"控制系统。

(2) 沿空留巷巷内支护

沿空留巷一侧帮是煤体,另一侧帮是紧靠采空区构筑的支护体,属于大变形回采巷道。同时,沿空留巷不仅要受到本工作面采动影响,还要受到邻近工作面采动影响,由于沿空留巷受到两次采动影响,其围岩易发生较严重的变形破坏,所以沿空留巷是一种维护比较困难的动压巷道。为实现沿空巷道围岩有效控制,巷内支护一般采用基本支护配合加强支护,基本支护形式主要是棚式支护体系(被动支护)和高强度锚杆索支护体系(主动支护),目前主要采用高强度高预应力锚杆和锚索联合支护方式,加强支护主要采用单体液压支柱配金属铰接顶梁或专门设计的液压支架。

张东升等[121-122]基于采动岩体关键层理论,通过采用锚梁网索联合支护＋扩帮锚网支护＋巷内充填,实现了大断面综放沿空留巷;采用相似模拟研究了综放沿空留巷围岩变形规律,认为巷内采用锚杆(索)网联合支护,可实现沿空留巷围岩的大变形控制。薛俊华等[123]针对大采高沿空留巷全断面变形特点,提出了"高系统刚度主动控制＋大尺寸高强巷旁支撑＋墙体顶板支护＋关键区域辅助控制"的支护体系。姜鹏飞等[124]探析了不同工作面回采阶段沿空留巷围岩受力变形特征,提出了锚杆锚索与充填墙体联合支护对策。张农等[125]分析了高强预应力支护控制顶板离层的机理,提出了高性能预拉力锚杆、钢绞线预拉力桁架和 M 型钢带联合预应力控制手段。唐建新等[126]通过对沿空留巷顶板变形分类,明晰了顶板离层与顶板变形的关系,提出了锚网索联合支护体系。

(3)沿空留巷巷旁支护

① 沿空留巷巷旁支护阻力

合理的沿空留巷巷旁支护阻力是成功留巷的关键。国外学者针对巷旁支护阻力计算,建立的力学模型主要有分离岩块力学模型[127]、采场矿压悬梁模型[128]、顶板倾斜力学模型[129]。上述力学模型对沿空留巷巷旁支护阻力计算进行了诸多探索,促进了巷旁支护阻力计算研究的发展。

多年来,我国学者对沿空留巷巷旁支护阻力计算也进行了探究[130-132]。何满潮等[133]通过建立"围岩结构-巷旁支护体"力学模型,得出了巷旁支护阻力计算方法,形成了切顶卸压沿空留巷围岩控制技术体系。李迎富等[134-135]通过构建沿空留巷"大结构"和"小结构"力学模型,基于关键块失稳判别条件,确定了"小结构"岩层载荷,得出了巷旁支护阻力计算公式;同时,建立了沿空留巷覆岩关键块和直接顶力学模型,并对关键块的稳定性进行力学分析,推导了巷旁支护阻力的计算公式,并确定了巷旁充填体的合理宽度。孙恒虎[136]建立了矩形叠加层板弯矩破坏力学模型,得到了沿空留巷前期和后期巷旁支护阻力计算公式。郭育光等[137]、柏建彪等[138]建立了煤体极限平衡梁力学模型,给出了巷旁充填体初期和后期阻力计算公式。涂敏[139]建立了弹性薄板条力学模型,推导了巷旁支护阻力计算式。马立强等[140-141]建立了巷内充填原位沿空留巷围岩结构力学模型,推导了不同地质条件下巷内充填体的支护阻力计算式。阚甲广等[142]探析了沿空留巷不同顶板活动规律,利用块体力学平衡法得出了巷旁支护阻力计算公式。吴健等[143]认为沿空留巷支护系统的可缩性和支护阻力分别是由裂缝带下沉量和垮落带特征决定的,探析了巷旁支护载荷和可缩量计算式。

② 沿空留巷巷旁支护技术

沿空留巷围岩稳定性与巷旁支护技术密切相关。针对沿空留巷围岩非对称变形和破坏特点,巷旁支护体应具有高阻力支撑性,良好的可缩性和切顶性,能够隔离或密闭采空区,成本低廉便于施工,能够适应工作面快速推进。随着沿空留巷技术的发展,我国巷旁支护经历了木垛、矸石带、密集柱、人造砌块墙、构筑充填墙体的发展过程,形成了较为完善的巷旁支护体系[144-148]。

华心祝等[149]认为沿空留巷顶板的边界应选在巷帮煤体松动区与塑性区的交界处,提出了符合采掘过程的巷旁支护阻力力学模型,并对围岩稳定性进行了分析。谭云亮等[150]探讨了沿空留巷在坚硬顶板下支护效果较差的原因,认为巷旁支护应与坚硬顶板岩梁运动相适应。唐建新等[151]基于沿空留巷顶板活动规律,提出了普通混凝土巷旁充填＋采空区侧锚索加强支护＋充填体两侧布置单体液压支柱的联合护巷方式。谢文兵等[152-154]采用 UDEC 模拟研究了综放沿空留巷围岩稳定性影响因素,提出了能够保障留巷围岩稳定性的合理充填方式和充填体强度。宁建国等[155]针对坚硬顶板沿空留巷围岩变形破坏特点,建立了符合实际围岩环境的巷旁支护力学模型,提出了留巷巷旁支护采用不等强充填体。黄万朋等[156]按"限定变形"和"给定变形"建立了沿空留巷基本顶力学模型,得出了两种位态下支柱支护阻力计算方法,探究了钢管混凝土支柱承载性,提出了新型巷旁支护结构。王军等[157]基于沿空留巷顶板过渡期活动规律,得出了巷旁支护阻力和压缩量计算方法,提出了钢管混凝土墩柱＋矸石墙巷旁支护技术。

### 1.2.3.2 充填工作面留巷

充填工作面留巷是指在工作面采空区全部充填后将原巷道保留下来,即采空侧充填体形成沿空留巷的充填体帮,进而将相邻工作面巷道保留下来供本工作面开采使用,在此过程中,不需要构筑窄巷旁充填体。由于处理采空区的方式不同,充填工作面留巷与窄充填体留巷存在着明显的差异。在充填采煤过程中,随工作面推进,充填材料被及时充入采空区。随顶板下沉,充填体逐渐成为主要支撑体对覆岩载荷进行承载,减弱了覆岩移动变形的速度与幅度,进而有效地限制了顶板下沉。与全部垮落法管理顶板相比,此时的顶板不会发生破断,不存在垮落带,采场覆岩以弯曲下沉为主,只有局部出现裂隙,采场覆岩只形成"弯曲下沉带"和"裂缝带"两带。矿业科技工作者在窄充填体留巷围岩控制理论与技术方面取得了较大的进展,但对充填工作面留巷围岩控制理论与技术方面的研究相对较少,主要是根据充填工作面留巷自身特点,并借鉴窄充填体留巷围岩控制研究方法,对充填工作面留巷围岩控制理论与技术进行相关研究。近年来,充填工作面留巷技术在我国得到了推广应用,根据工作面采空区充填材料的不同,将充填工作面留巷划分为三大类,分别为矸石充填留巷技术、膏体充填留巷技术和高水材料袋式充填留巷技术。

（1）矸石充填留巷技术[158]

矸石充填留巷技术是指采用矸石充填工作面采空区,采空侧采用矸石袋垒砌形成巷旁充填体以构成留巷的充填体帮,并对矸石袋巷旁充填体采用锚杆＋钢带＋钢筋梯梁＋金属网的联合加固方法以实现沿空留巷。

（2）膏体充填留巷技术[159]

膏体充填留巷技术是指采用膏体充填工作面采空区,采空侧膏体充填体形成沿空留巷的充填体帮,进而将原有巷道保留下来供本工作面开采使用。

（3）高水材料袋式充填留巷技术[160]

高水材料袋式充填留巷技术是指在工作面采空区范围内布置充填袋,袋内充入高水材料,高水材料凝固后对上覆岩层进行承载以限制覆岩运动。采空侧充填体形成沿空留巷的充填体帮,并采用巷旁支架支护,同时对充填体临空侧构筑护表构件,增加充填体帮的承载能力以实现沿空留巷。

谢生荣等[161]针对深部大采高充填留巷支护体破坏变形特征,提出了钢管混凝土组合支架巷旁支护技术。张吉雄等[162]提出了综合机械化固体充填采煤原位留巷,建立了夯实机构侧压力力学模型,确定了巷旁支护体宽度。殷伟等[163]等基于充填采煤留巷覆岩移动特征和多元回归分析,得到了顶板下沉量的预测公式。

## 1.2.4　偏应力和球应力研究现状

根据塑性力学,物体内的任意一点应力状态可以由 9 个应力分量来描述,这些应力分量包括 3 个正应力分量和 6 个剪应力分量,将这 9 个应力分量按照服从一定坐标变换式排列而定义的量叫作应力张量。应力张量通常可分解为球应力张量和偏应力张量。球应力张量只引起岩体单元体积改变而不引起岩体单元形状改变,即控制岩体单元体积的压缩;偏应力张量只引起岩体单元形状变化而不引起体积的变化,即控制岩体的塑性变形和破坏,如图 1-2 所示。因此,研究偏应力张量对塑性变形的影响有助于掌握其本质内涵[164]。

其一点的任意应力状态的分解,如式(1-1)所示。

$$\begin{bmatrix} \sigma_x & \tau_{xy} & \tau_{xz} \\ & \sigma_y & \tau_{yz} \\ \mathrm{sym} & & \sigma_z \end{bmatrix} = \begin{bmatrix} \sigma_\mathrm{m} & 0 & 0 \\ & \sigma_\mathrm{m} & 0 \\ \mathrm{sym} & & \sigma_\mathrm{m} \end{bmatrix} + \begin{bmatrix} s_x & s_{xy} & s_{xz} \\ & s_y & s_{yz} \\ \mathrm{sym} & & s_z \end{bmatrix} \quad (1\text{-}1)$$

或

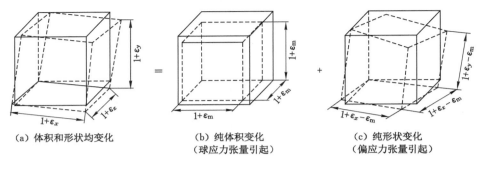

（a）体积和形状均变化　　　（b）纯体积变化　　　（c）纯形状变化
　　　　　　　　　　　　　（球应力张量引起）　　　（偏应力张量引起）

图 1-2　应力的分解

$$\sigma_{ij} = \sigma_m \delta_{ij} + s_{ij} \tag{1-2}$$

式（1-1）中，右边第 1 项是球应力张量，右边第 2 项是偏应力张量。

式（1-2）中，$\sigma_m$ 为球应力张量分量，$\delta_{ij}$ 为 Kroneker 符号，$s_{ij}$ 为偏应力张量分量。

球应力张量分量的物理意义为平均应力 $\sigma_m$ 或静水压力分量 $p$，其表达式为

$$\sigma_m = p = \frac{1}{3}(\sigma_x + \sigma_y + \sigma_z) \tag{1-3}$$

偏应力张量分量 $s_{ij}$ 的物理意义为偏应力 $s_i (i=j)$ 和剪应力 $\tau_{ij} (i \neq j)$，其值可分别表示为

$$\left. \begin{array}{ll} s_x = \sigma_x - \sigma_m & s_{xy} = \tau_{xy} \\ s_y = \sigma_y - \sigma_m & s_{yz} = \tau_{yz} \\ s_z = \sigma_z - \sigma_m & s_{xz} = \tau_{xz} \end{array} \right\} \tag{1-4}$$

把式（1-2）变形可得某一点任意应力偏应力张量分量表达式

$$s_{ij} = \sigma_{ij} - \sigma_m \delta_{ij} \tag{1-5}$$

以上为某一点任意应力状态的分解，当某一点应力状态以主应力表示时，则应力张量可以进行分解，设 3 个主应力为 $\sigma_i (i=1、2、3)$，$\sigma_1 \geqslant \sigma_2 \geqslant \sigma_3$，则

$$[\sigma] = \begin{bmatrix} \sigma_1 & 0 & 0 \\ & \sigma_2 & 0 \\ \text{sym} & & \sigma_3 \end{bmatrix} = \begin{bmatrix} \sigma_m & 0 & 0 \\ & \sigma_m & 0 \\ \text{sym} & & \sigma_m \end{bmatrix} + \begin{bmatrix} s_1 & 0 & 0 \\ & s_2 & 0 \\ \text{sym} & & s_3 \end{bmatrix} \tag{1-6}$$

或

$$\sigma_i = \sigma_m + s_i \tag{1-7}$$

式（1-6）中，右边第 1 项是球应力张量；右边第 2 项是主偏应力张量。

式（1-7）中，$\sigma_m$ 为球应力张量分量（球应力），$s_i$ 为主偏应力张量分量（主偏应力），其值为主应力减去球应力，球应力表达式为

$$\sigma_{\mathrm{m}} = \frac{1}{3}(\sigma_1 + \sigma_2 + \sigma_3) \tag{1-8}$$

则主偏应力表达式为

$$\left.\begin{aligned} s_1 &= \sigma_1 - \sigma_{\mathrm{m}} \\ s_2 &= \sigma_2 - \sigma_{\mathrm{m}} \\ s_3 &= \sigma_3 - \sigma_{\mathrm{m}} \end{aligned}\right\} \tag{1-9}$$

把式(1-7)变形可得某一点主应力偏应力张量分量表达式

$$s_i = \sigma_i - \sigma_{\mathrm{m}} \tag{1-10}$$

我国矿业科技工作者对巷道围岩偏应力和塑性区分布规律进行了探索。余伟健等[165]运用数值模拟分析了不同应力状态下巷道围岩和塑性区演化过程,提出了在不同侧压系数下巷道失稳分为典型正对称失稳模式和典型角对称失稳模式,针对两种失稳模式分别提出了治理方案,并应用于现场实践。马念杰等[166]通过对圆形巷道围岩偏应力场和塑性区分布规律的研究,得到了非均匀应力场下圆形巷道围岩偏应力和塑性区半径的计算式,认为在不同侧压系数下,偏应力场分布规律不同导致出现不同形态的蝶形塑性区。何富连等[167]通过对不同侧压系数下巷道围岩偏应力和塑性区分布的研究,得到了高水平应力巷道失稳机制,并提出了综合控制方案。许磊等[168]模拟了煤层残余煤柱底板偏应力场的分布特征,得到了不同宽度煤柱下底板偏应力分布规律,确定了下位煤层巷道的合理位置。潘岳等[169]认为巷道开挖引起围岩应力重新分布,应力分布后围岩中产生偏应力并伴随着能量的释放,探讨了围岩偏应力应变能生成与耗散问题,得到了巷道围岩弹性能释放量、偏应力应变能与地应力之间关系的计算方法。

同时,我国学者用球应力和偏应力对土的变形特性进行了试验研究。杨光等[170]基于岩土材料应力对应变的"交叉影响",采用偏应力和球应力往返加载三轴试验,分析了粗粒料动力变形特性,得到了粗粒料的变形由往复变形和残余变形构成。陈存礼等[171]在保持饱和砂土固结偏应力不变的前提下,采用球应力往返加载三轴试验,并考虑往返次数对试验的影响,对饱和砂土在不同应力和不同密度条件下的体应变-球应力-往返次数间的关系进行了试验与分析。于艺林等[172]通过球应力循环加载三轴试验,研究了饱和砂土球应力循环条件下的变形规律,得出了本构模型循环球应力变化引起的体变分量的具体表达式。邓国华等[173]认为传统结构性参数不能全面有效反映土的结构性变化规律,并针对传统结构性参数的不足,提出了应力比结构性参数,不仅考虑了球应力和剪应力的共同作用,还可以将其简化为传统结构性参数,可以较全面和真实地给出土的应力应变关系。

# 1.3　存在的问题

以上研究表明,矿业科技工作者已经对深部沿空留巷围岩控制技术及围岩应力场分布特征、沿空留巷围岩控制技术及上覆岩层活动规律、充填开采覆岩移动及控制理论、巷道围岩偏应力和塑性区分布规律进行了研究,并进行了与之有关的工程试验。偏应力和球应力同时考虑了最大主应力、中间主应力和最小主应力相互作用,所以可以科学地揭示深部留巷围岩应力演化与围岩变形破坏的相互关系。在以往研究中,球应力主要用于土的变形特性研究,而在矿业领域很少将球应力应用于巷道围岩应力状态分析,尤其是对深部充填留巷围岩球应力演化规律及其保护作用的研究。同时,矿业科技工作者仅对巷道围岩偏应力和塑性区演化规律进行了分析。因此,有必要针对深部充填留巷围岩偏应力和球应力时空演化规律与控制进行深入研究,进一步补充和完善深部充填留巷围岩控制理论与技术。

# 1.4　研究内容及研究方法

## 1.4.1　研究内容

为了揭示深部留巷围岩应力演化与围岩变形破坏的相互关系,提出针对性的深部充填留巷围岩非对称控制技术。本书以邢东矿深部充填留巷为工程背景,主要围绕以下5个方面开展研究工作:

(1) 充填体力学性能研究

设计充填体试验配比方案,对不同配比充填体进行物理力学特性试验,根据充填体力学性能结果选择较优配比方案,为后续数值模拟及支护设计提供参考。

(2) 深部充填留巷围岩偏应力时空演化规律与控制作用研究

利用FLAC³ᴰ软件内置的FISH语言,采用应变软化本构模型分析深部充填留巷围岩偏应力形成、迁移、积累和衰减的过程与规律及塑性区时空演化规律,阐述偏应力对充填留巷围岩活动的主控作用,并研究采深、采高、侧压系数和充填高度等因素对偏应力时空演化的影响,揭示深部充填留巷围岩偏应力控制机制。

(3) 深部充填留巷围岩球应力时空演化规律及保护作用研究

利用FLAC³ᴰ软件内置的FISH语言,采用应变软化本构模型分析深部充填留巷围岩球应力形成、迁移、积累和衰减的过程与规律,阐述球应力对充填留巷围岩活动的"保护作用",揭示深部充填留巷围岩球应力保护机制。

（4）深部充填留巷围岩偏应力和球应力时空关系研究

根据深部充填留巷围岩偏应力和球应力时空演化规律,研究偏应力、球应力和塑性区空间位置关系,揭示深部充填留巷围岩应力演化与围岩变形破坏的相互关系,提出深部充填留巷围岩控制的"三位一体＋非对称支护"系统,形成深部充填留巷围岩控制技术。

（5）深部充填留巷巷内和巷旁协同控制机理与技术研究

建立深部充填留巷围岩非对称支护结构相关力学模型,阐明支护结构的稳定性及变形特点,揭示非均布受载充填体、巷旁钢管混凝土支架与弱结构煤帮协同支撑作用机制,确定深部充填留巷围岩非对称支护参数,形成深部充填留巷围岩协同控制的原理方法。

## 1.4.2 研究方法

本书采用现场调研、实验室试验、数值模拟、理论建模分析和现场工程实践等多种研究方法,对邢东矿深部充填留巷围岩偏应力、球应力和塑性区时空演化规律及影响因素进行深入研究,阐述充填留巷围岩偏应力、球应力和塑性区空间位置关系,揭示充填留巷围岩偏应力和球应力分布状态和围岩破坏状态,寻求深部充填留巷围岩非对称大变形控制的有效途径,为深部充填留巷围岩稳定性控制提供理论依据和实用对策。

（1）现场调研

收集整理邢东矿深部充填沿空留巷工作面生产地质资料,现场调研充填留巷围岩赋存环境、巷内巷旁支护特点和采掘工程条件等生产条件,并进行充填材料采集工作,为充填体实验室试验和模型研究提供基础依据。

（2）实验室试验

制作不同配比的充填体,采用单轴压缩试验、常规三轴压缩试验和抗拉试验等方式研究不同配比的充填体物理力学特性,根据充填体力学性能结果选择较优配比方案,为后续数值模拟计算及支护优化设计提供相关参考。

（3）数值模拟

采用 FLAC$^{3D}$ 软件建立深部充填留巷三维计算模型,基于应变软化本构模型研究工作面推进全过程中充填留巷围岩偏应力、球应力和塑性区时空演化规律,阐明偏应力对充填留巷围岩破坏的主控作用和球应力对充填留巷围岩的保护作用,确定充填留巷围岩控制技术;建立不同采高、不同采深、不同侧压系数和不同充填高度条件下的三维计算模型,基于应变软化本构模型对充填留巷围岩偏应力时空演化因素进行分析,揭示各因素的影响程度及相互间的区别。

（4）理论建模分析

建立深部充填留巷围岩非对称支护结构相关力学模型，揭示非均布受载充填体、巷旁钢管混凝土支架与弱结构煤帮协同支撑作用机制，得到深部充填留巷围岩非对称支护参数，形成深部充填留巷围岩非对称支护协同机制。

（5）现场工程实践

将研究成果在邢东矿深部充填 1126 工作面的运料巷（沿空留巷）进行工业性试验，结合矿压观测结果验证所提出的技术对控制留巷围岩的可靠性和有效性，形成深部充填留巷围岩协同控制的原理方法。

# 2 深部充填留巷工程概况及充填材料物理力学试验

## 2.1 充填留巷工程概况

冀中能源股份有限公司邢东矿位于太行山与华北平原的过渡带,地势西高东低。井田北起界家屯、吕家屯一线,南至朱加庄一线,西起邢台市制药厂小吴庄一线,东至合庄高家屯一线,南北长 4.1 km 左右,东西宽 4.0 km 左右,井田面积 14.5 km²。井田开采水平为 −760 m 和 −980 m,主要开采 2# 和 5# 煤层。

邢东矿 1126 工作面是该矿首个高水材料充填工作面,位于一水平(−760 m)的一采区,在 −760 轨道大巷东北方向,工作面地面标高 +56.5～+58.0 m,煤层标高为 −825～−740 m,工作面地表附近存在东郭村庄(距工作面地表附近约 1 km)和石家屯村(距工作面地表附近约 1.2 km)两个自然村。工作面西南方向是 −760 轨道大巷,工作面北部、南部和东部分别是 DF₁₀ 断层(距工作面约 40 m)、F₂₃ 导水断层(距工作面约 200 m)、2223 探巷。1126 工作面布置如图 2-1 所示。

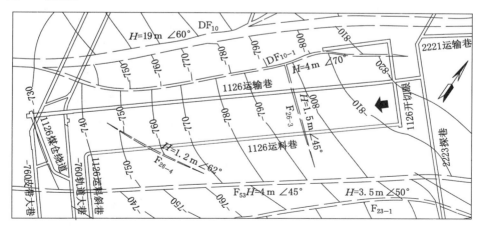

图 2-1  1126 工作面布置图

　　1126 工作面采用仰斜开采,工作面沿煤层倾向平均推进长度为 441 m,工作面沿煤层走向平均长度为 60 m。工作面以 2# 煤层为主采煤层,煤层倾角平均为 9°,煤层平均厚度 4.5 m,可采储量 15.57 万 t;煤层结构简单且厚度较稳定,受断裂构造影响,煤层局部变薄、破碎、松软,水文地质条件简单。1126 工作面绝对瓦斯涌出量为 1.2 m³/min,相对瓦斯涌出量为 0.43 m³/t。煤尘具有爆炸危险性,爆炸指数为 36.58%,同时煤层具有自燃倾向性。1126 工作面煤层顶底板柱状图见图 2-2。

| 岩石名称 | 层厚/m | 岩性柱状 | 岩 性 描 述 |
|---|---|---|---|
| 粉砂岩 | 1.86 | | 浅灰色,含根化石和铝土质,团块状构造 |
| 细砂岩 | 1.45 | | 灰色,细粒结构,粒度均一,泥质胶结,具缓波状层理,含少量植物化石 |
| 粉砂岩 | 3.85 | | 深灰色,细粉砂状结构 |
| 1# 煤 | 0.53 | | 黑色,块状构造,玻璃光泽,由亮煤、暗煤组成,为半光亮型煤,燃烧冒黑烟 |
| 粉砂岩 | 1.80 | | 灰色,含有植物根部化石,块状构造,水平层理,微含铝土质 |
| 细砂岩 | 8.00 | | 灰白色,泥质胶结,岩石强度差 |
| 粉砂岩 | 5.50 | | 黑灰色,含植物茎、枝、叶化石,局部具波状层理,局部裂隙发育 |
| 2# 煤 | 4.50 | | 黑色,块状构造,玻璃光泽,由亮煤、暗煤组成,为半光亮型煤,燃烧冒黑烟 |
| 碳质泥岩 | 3.50 | | 黑色,含根化石,遇水变软 |
| 粉砂岩 | 1.50 | | 灰黑色,富含根化石,裂隙发育 |
| 2下 煤 | 1.15 | | 黑色,块状构造,玻璃光泽,由亮煤、暗煤组成,为半光亮型煤,燃烧冒黑烟 |
| 粉砂岩 | 1.80 | | 灰白色,含植物根部化石,水平层理,块状构造 |
| 细砂岩 | 2.80 | | 灰色,主要成分为石英长石,暗色矿物,泥质胶结 |
| 粉砂岩 | 8.00 | | 灰黑色,致密,性脆,断口平坦,裂隙发育,含结核 |

图 2-2　煤层顶底板柱状图

　　1126 工作面地面位置距东郭村庄北约 1 km,距石家屯村东南约 1.2 km,为防止开采后产生的地表沉陷对地面建筑物造成影响,对 1126 工作面采空区实施高水材料充填工艺。采用充填袋(包)与开放式充填相结合的方式对采空区进行充填,并使用 ZC12400/30/50 型基本支架和 ZCG12400/30/50 型隔板支架对顶板进行管理。高水材料充填系统由充填袋(包)、制备系统、输送系统和混合系统 4 个部分组成。留巷采用边充填采空区边留巷(充填工作面留巷)的方式,使采空区充填体临空侧形成留巷巷帮(充填体帮),这样,采空区充填完成的同时留巷施工也完成。沿空巷道为 1126 工作面运料巷,巷道沿 2# 煤层顶板掘进,为矩形巷道,高度为 3.6 m,宽度为 4.5 m。充填工作面与沿空留巷示意图如图 2-3 所示。

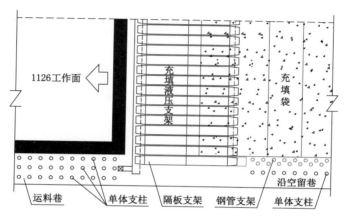

图 2-3　充填工作面与沿空留巷示意图

## 2.2　高水材料充填体物理力学试验

为了明确不同配比充填体的力学特性,采用单轴压缩试验、常规三轴压缩试验和抗拉试验等方式对不同配比的充填体进行物理力学试验。根据充填体力学试验结果选择较优配比方案,为后续利用数值模拟研究巷道围岩偏应力和球应力演化规律及支护优化设计提供参考。

### 2.2.1　试验准备

高水固结材料(简称"高水材料")由 A、B 两种组分材料构成,其中 A 料是以铝土矿和石膏为主料并添加复合超缓和分散剂(AA 料)构成的,B 料是以石膏和石灰为主料并添加复合速凝剂(BB 料)构成的。A、B 料分别加水配成具有流动性的单浆液,两者混合均匀后,在可控时间内胶结、凝聚,形成具有一定强度的固结体。

邢东矿采用的高水材料充填体的水灰比分别是 6∶1 和 5∶1，为了得到高水材料充填体力学参数，实验室所用高水材料均取自邢东矿注浆站，在实验室制作水灰比分别为 6∶1 和 5∶1 的高水材料充填体试件。高水材料充填体配比方案如下：A∶AA∶B∶BB＝1∶0.15∶1∶0.01，水灰比为 6∶1，用 $C_1$ 表示；A∶AA∶B∶BB＝1∶0.09∶1∶0.01，水灰比为 5∶1，用 $C_2$ 表示。高水材料充填体配比时使用天平、量筒、烧杯等精密度较高的仪器。将配好的浆液混合搅拌均匀后，倒入自制的切缝 PVC 管（切缝平行于 PVC 管的轴线）模具中进行浇筑。自制的切缝 PVC 管模具尺寸为 $\phi50\ mm \times 100\ mm$ 和 $\phi50\ mm \times 50\ mm$。由于充填体强度较低，采用砂纸将凝固成一定强度的高水材料充填体两端面磨平，使充填体两端面不平行度误差不超过 0.05 mm。

试验准备过程包括材料称重、加水混合、模具浇筑、凝固拆模、包裹养护、试件处理、编号等步骤。首先根据高水材料充填体配比方案称取所需材料的用量，然后制备 A 浆液（将 A 料、AA 料和水混合并搅拌均匀）和 B 浆液（将 B 料、BB料和水混合并搅拌均匀），将制备好的 A 浆液和 B 浆液充分混合搅拌，最后将混合浆液倒入管壁已均匀涂抹润滑剂的切缝 PVC 管中（浇筑前用胶带密封 PVC管的切缝处和底部，以防止浆液流出）。待试件充分凝固后，进行拆除胶带、分开切缝等操作工序，让试件自动滑落，将取出的试件用保鲜膜包住放进养护箱养护14 d、28 d。养护后取出试件并用砂纸将其两端磨平，以满足试验要求，同时将试件编号分组，以便做相关的物理力学试验。圆柱形试件如图 2-4 所示。需要做的物理力学试验包括充填体密度试验、单轴压缩试验、常规三轴压缩试验以及劈裂试验。根据标准试件制备要求，单轴压缩试验和常规三轴压缩试验试件尺

养护 14 d
充填体 $C_1$
（水灰比 6∶1）　　养护 14 d
充填体 $C_2$
（水灰比 5∶1）　　养护 28 d
充填体 $C_1$
（水灰比 6∶1）　　养护 28 d
充填体 $C_2$
（水灰比 5∶1）

图 2-4　圆柱形试件

寸为 $\phi 50\ \text{mm} \times 100\ \text{mm}$,劈裂试验试件尺寸为 $\phi 50\ \text{mm} \times 50\ \text{mm}$。常规三轴压缩试验装置如图 2-5 所示。

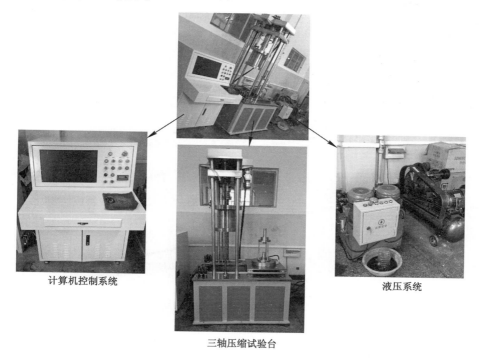

计算机控制系统

液压系统

三轴压缩试验台

图 2-5　常规三轴压缩试验装置

两种充填体试验各分为 3 组进行,每组 8 个试件,每组中用 1 个试件做单轴压缩试验,1 个试件做劈裂试验,其余 6 个试件做常规三轴压缩试验。同时,完成对每个试件的密度测试。3 组试验中先做单轴压缩试验,并以单轴抗压强度为常规三轴压缩试验施加的围压值提供参考依据。

### 2.2.2　充填体物理力学试验

（1）密度试验

用 JA31002 型电子天平测得充填体的质量,用游标卡尺测得充填体的直径和高度,将相关参数代入式(2-1)得到充填体的密度。

$$\rho_0 = \frac{m_0}{V} \tag{2-1}$$

式中,$\rho_0$ 为充填体的密度,$\text{kg/m}^3$;$m_0$ 为充填体的质量,$\text{kg}$;$V$ 为充填体的体积,$\text{m}^3$。

分别将养护 14 d 和养护 28 d 的充填体 $C_1$（水灰比 6∶1）、$C_2$（水灰比 5∶1）的试验数据代入式（2-1），得到养护 14 d 的充填体 $C_1$ 和 $C_2$ 的密度分别为 1 111 kg/m³、1 135 kg/m³；养护 28 d 的充填体 $C_1$ 和 $C_2$ 的密度分别为 1 111 kg/m³、1 132 kg/m³，养护 14 d 和 28 d 充填体的密度基本一致。

（2）单轴压缩试验

根据单轴压缩试验得到的数据，分别绘制出养护 14 d 和养护 28 d 的充填体单轴压缩全应力-应变曲线，如图 2-6、图 2-7 所示。

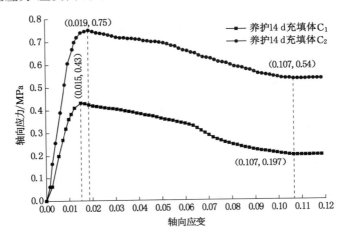

图 2-6　养护 14 d 的充填体单轴压缩全应力-应变曲线

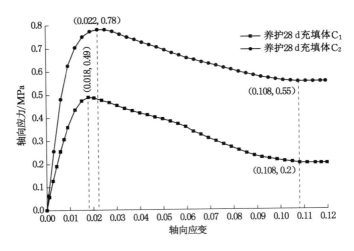

图 2-7　养护 28 d 的充填体单轴压缩全应力-应变曲线

由图 2-6 可知,养护 14 d 的两种充填体的曲线形状大体一致。充填体 $C_1$ 最大轴向应力为 0.43 MPa,峰后随轴向应变增加,轴向应力逐渐降低并最终保持在 0.197 MPa,应力保持为最大轴向应力的 46%;充填体 $C_2$ 最大轴向应力为 0.75 MPa,峰后随轴向应变增加,轴向应力最终保持在 0.54 MPa,应力保持为最大轴向应力的 72%。

由图 2-7 可知,养护 28 d 的两种充填体的曲线形状也大体一致。充填体 $C_1$ 最大轴向应力为 0.49 MPa,峰后随轴向应变增加,轴向应力逐渐降低并最终保持在 0.2 MPa,应力保持为最大轴向应力的 41%;充填体 $C_2$ 最大轴向应力为 0.78 MPa,峰后随轴向应变增加,轴向应力最终保持在 0.55 MPa,应力保持为最大轴向应力的 71%。

根据养护 14 d 与养护 28 d 的充填体的单轴压缩试验数据可知,两者单轴压缩试验数据基本一致,说明养护 14 d 后充填体已具有较大承载能力。同时,对充填体 $C_1$ 和充填体 $C_2$ 的数据进行分析可知,峰后充填体 $C_1$ 具有的承载能力不足峰值时的 50%,而充填体 $C_2$ 具有的承载能力超过峰值时的 70%,说明充填体 $C_2$ 较充填体 $C_1$ 更能适应深部巷道围岩所处的复杂应力环境。

综上所述,单轴压缩试验得到养护 14 d 的高水材料充填体 $C_1$ 和 $C_2$ 单轴抗压强度分别为 0.43 MPa 和 0.75 MPa;养护 28 d 的高水材料充填体 $C_1$ 和 $C_2$ 单轴抗压强度分别为 0.49 MPa 和 0.78 MPa。由弹性模量的定义,通过对弹性变形阶段的斜率分析,经计算得养护 14 d 的高水材料充填体 $C_1$ 的弹性模量 $E_1 = 36.41$ MPa,充填体 $C_2$ 的弹性模量 $E_2 = 62.81$ MPa;养护 28 d 的高水材料充填体 $C_1$ 的弹性模量 $E'_1 = 37$ MPa,充填体 $C_2$ 的弹性模量 $E'_2 = 64$ MPa。

(3)常规三轴压缩试验

根据高水材料充填体单轴压缩试验可知充填体强度较低,为了不使充填体在施加围压的过程中发生破坏,取养护 14 d 和养护 28 d 的充填体 $C_1$ 和 $C_2$ 的围压值 $\sigma_3$ 为 0.10 MPa、0.12 MPa、0.14 MPa、0.16 MPa、0.18 MPa 和 0.20 MPa。根据试验所获得的数据,绘制出在不同主应力差($\sigma_1 - \sigma_3$)状态下的养护 14 d 和养护 28 d 的充填体常规三轴压缩全应力-应变曲线,如图 2-8、图 2-9 所示,其中 $\sigma_1$ 为各级轴向应力。

从图 2-8、图 2-9 可以看出,高水材料充填体进行三轴压缩时,主应力差($\sigma_1 - \sigma_3$)随着围压的增加而增加,即 $\sigma_1$ 随 $\sigma_3$ 增加而增大。同时,主应力差峰值强度相应也得到了提高,并且在配比和其他影响因素相同的条件下,充填体的三轴抗压强度大于单轴抗压强度。当主应力差达到峰值时,主应力差开始下降,下降较小幅度后主应力差基本保持不变,表明充填体仍保持着较高的残余强度并具有良好的承载能力。与单轴压缩时相比,施加一定侧压的充填体屈服后强度下

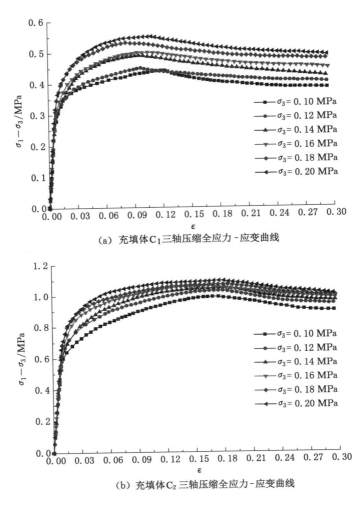

（a）充填体$C_1$三轴压缩全应力-应变曲线

（b）充填体$C_2$三轴压缩全应力-应变曲线

图 2-8　养护 14 d 的充填体常规三轴压缩全应力-应变曲线

降较少,说明围压限制了充填体内部孔隙、微裂隙发育和扩展,进而在侧向约束了充填体的变形破坏,从而提高了其抵抗外载荷破坏的承载能力[174]。

　　因此,对处于二向应力状态的沿空留巷浅部充填体进行高强度的侧向约束,能够显著提高浅部充填体抵抗破坏的极限能力,以发挥其自身承载能力来控制顶板变形。在不同围压下养护 14 d 和养护 28 d 的充填体 $C_1$、$C_2$ 的最大轴向应力 $\sigma_{c1}$、$\sigma_{c2}$ 的值如表 2-1、表 2-2 所列。

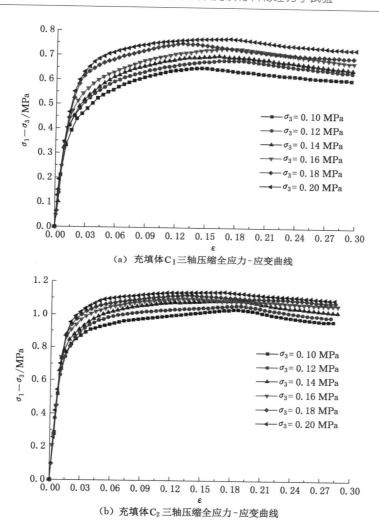

（a）充填体C₁三轴压缩全应力-应变曲线

（b）充填体C₂三轴压缩全应力-应变曲线

图 2-9　养护 28 d 的充填体常规三轴压缩全应力-应变曲线

表 2-1　养护 14 d 的充填体最大轴向应力

| 围压 $\sigma_3$/MPa | $\sigma_{c1}$/MPa | $\sigma_{c2}$/MPa |
|---|---|---|
| 0.10 | 0.54 | 1.09 |
| 0.12 | 0.57 | 1.15 |
| 0.14 | 0.63 | 1.19 |
| 0.16 | 0.66 | 1.22 |

表 2-1(续)

| 围压 $\sigma_3$/MPa | $\sigma_{c1}$/MPa | $\sigma_{c2}$/MPa |
|---|---|---|
| 0.18 | 0.71 | 1.25 |
| 0.20 | 0.75 | 1.29 |

**表 2-2　养护 28 d 的充填体最大轴向应力**

| 围压 $\sigma_3$/MPa | $\sigma_{c1}$/MPa | $\sigma_{c2}$/MPa |
|---|---|---|
| 0.10 | 0.75 | 1.14 |
| 0.12 | 0.80 | 1.18 |
| 0.14 | 0.84 | 1.23 |
| 0.16 | 0.89 | 1.26 |
| 0.18 | 0.93 | 1.30 |
| 0.20 | 0.97 | 1.34 |

根据养护 14 d 的充填体 $C_1$ 常规三轴压缩试验结果和式(2-2)、式(2-3)确定其内摩擦角 $\varphi$ 和黏聚力 $C$。

$$\varphi = \sin^{-1} \frac{b_1 - 1}{b_1 + 1} \tag{2-2}$$

$$C = a_1 \frac{1 - \sin\varphi}{2\cos\varphi} \tag{2-3}$$

$$b_1 = \frac{\sum_{i=1}^{n}(\sigma_{3i} - \bar{\sigma}_3)(\sigma_{c1i} - \bar{\sigma}_{c1})}{\sum_{i=1}^{n}(\sigma_{3i} - \bar{\sigma}_3)^2} \tag{2-4}$$

$$a_1 = \bar{\sigma}_{c1} - b_1 \bar{\sigma}_3 \tag{2-5}$$

式中　$a_1$,$b_1$——养护 14 d 的充填体 $C_1$ 的回归系数;

　　　$n$——充填体试验次数,$n=6$;

　　　$\bar{\sigma}_{c1}$——养护 14 d 的充填体 $C_1$ 最大轴向应力均值;

　　　$\bar{\sigma}_3$——养护 14 d 的充填体 $C_1$ 所受围压均值。

将表 2-1 数据代入式(2-4)和式(2-5)可得 $a_1=0.318$,$b_1=2.16$。将回归系数 $a_1$、$b_1$ 代入式(2-2)、式(2-3),可得养护 14 d 的充填体 $C_1$ 的内摩擦角 $\varphi=21.5°$,黏聚力 $C=108$ kPa。同理可得,养护 14 d 的充填体 $C_2$ 的回归系数 $a_2=0.913$,$b_2=1.9$,内摩擦角 $\varphi'=18.1°$,黏聚力 $C'=331$ kPa。

根据上述计算方法也可以得到,养护 28 d 的充填体 $C_1$ 和充填体 $C_2$ 各自的内摩擦角和黏聚力，其中养护 28 d 的充填体 $C_1$ 的内摩擦角 $\varphi'' = 22.1°$，黏聚力 $C'' = 179$ kPa；养护 28 d 的充填体 $C_2$ 的内摩擦角 $\varphi''' = 19.1°$，黏聚力 $C''' = 336$ kPa。

（4）劈裂试验

通过 WEP-600 屏显万能试验机对养护 14 d 和养护 28 d 的充填体进行劈裂试验，以获得充填体抗拉强度，其计算公式为

$$\sigma_t = \frac{2P_{max}}{\pi DH} \tag{2-6}$$

式中　$\sigma_t$——充填体抗拉强度，kPa；

　　　$P_{max}$——破坏载荷，N；

　　　$D, H$——充填体的直径和高度，mm。

将养护 14 d 和养护 28 d 的充填体 $C_1$、$C_2$ 相关数据代入式（2-6），得到养护 14 d 的充填体 $C_1$ 和 $C_2$ 的抗拉强度分别是 56.7 kPa、98.7 kPa；养护 28 d 的充填体 $C_1$ 和 $C_2$ 的抗拉强度分别是 62.3 kPa、105.2 kPa。

综合上述充填体物理力学试验，确定养护 14 d 和养护 28 d 的充填体物理力学试验特性结果如表 2-3 和表 2-4 所列。

表 2-3　养护 14 d 的充填体物理力学特性试验结果

| 充填体 | 密度/(kg/m³) | 抗压强度/MPa | 抗拉强度/kPa | 弹性模量/MPa | 黏聚力/kPa | 内摩擦角/(°) |
|---|---|---|---|---|---|---|
| $C_1$(6∶1) | 1 111 | 0.43 | 56.7 | 36.41 | 108 | 21.5 |
| $C_2$(5∶1) | 1 135 | 0.75 | 98.7 | 62.81 | 331 | 18.1 |

表 2-4　养护 28 d 的充填体物理力学特性试验结果

| 充填体 | 密度/(kg/m³) | 抗压强度/MPa | 抗拉强度/kPa | 弹性模量/MPa | 黏聚力/kPa | 内摩擦角/(°) |
|---|---|---|---|---|---|---|
| $C_1$(6∶1) | 1 111 | 0.49 | 62.3 | 37 | 179 | 22.1 |
| $C_2$(5∶1) | 1 132 | 0.78 | 105.2 | 64 | 336 | 19.1 |

由试验结果可知，养护 14 d 的充填体物理力学特性与养护 28 d 的充填体物理力学特性基本一致，说明养护 14 d 的充填体已达到最终强度。同时，水灰比为 5∶1 的材料配比优于水灰比为 6∶1 的材料配比，从强度及井下环境考虑，充填体 $C_2$ 较充填体 $C_1$ 更能适应深部矿井复杂力学环境。鉴于此，本书充填体物理力学参数选用充填体养护 14 d 时的参数。

# 2.3 小结

本章介绍了深部充填留巷工程地质概况,并结合矿井实际生产情况,对不同养护时间和不同配比充填体进行物理力学试验,得到如下结论:

(1) 养护 14 d 的充填体物理力学特性与养护 28 d 的充填体物理力学特性基本一致,表明养护 14 d 的充填体已达到最终强度,选其物理力学试验结果作为本书充填体参数。同时,充填体 $C_2$(水灰比为 5∶1)在单轴压缩试验、常规三轴压缩试验以及劈裂试验中测得的数据均优于充填体 $C_1$(水灰比为 6∶1),认为充填体 $C_2$ 较充填体 $C_1$ 更能适应深部矿井复杂力学环境。

(2) 有侧压充填体与无侧压充填体相比,施加侧压时充填体仍保持着较高的残余强度并具有良好的承载能力,因此对充填体临空侧采用护表构件,能够显著提高浅部充填体的承载能力,以满足深部充填留巷围岩非对称大变形的支护要求。

# 3 深部充填留巷围岩偏应力时空演化规律

为了准确掌握深部充填留巷围岩偏应力时空演化规律,以邢东矿 1126 深部充填开采工作面的沿空留巷为工程背景,采用应变软化模型研究工作面推进全过程中留巷围岩偏应力和塑性区时空演化规律,得到深部充填留巷围岩偏应力和塑性区具有非对称分布及非对称演化特征。

## 3.1 深部充填留巷数值模型建立

### 3.1.1 应变软化模型

岩石在应力达到峰值后,随着变形的继续增加,其强度迅速降到一个较低的水平,这种现象称为"应变软化"[175]。应变软化模型认为岩石材料的属性随着塑性变化而发生变化,塑性屈服开始后,岩石的黏聚力、内摩擦角、剪胀角等均会随着塑性应变而发生衰减,当到达残余阶段时保持不变,因此采用应变软化模型能够反映围岩的应力和变形状态,以更好地指导工程实践。

在 FLAC[3D] 中,为了实现岩石材料强度参数随着塑性变化而发生衰减的特征,在岩石材料达到屈服后,用户可以利用 FLAC[3D] 中内置的 FISH 语言来编写其抗剪强度参数为塑性应变的功能函数。通过计算材料屈服后的每个时步上的塑性应变,并将其代入用户设置的功能函数来弱化材料的抗剪强度参数,且材料的本构关系仍遵从莫尔-库仑(Mohr-Coulomb)模型。同时,应变软化模型的屈服函数、流动法则、应力修正均与 Mohr-Coulomb 模型的一样[176]。应变软化模型中单元的应力-应变关系如图 3-1 所示。

从图 3-1 中可以看出,屈服前,单元的应力-应变在弹性阶段呈线性分布,单元的应变只有弹性应变($\varepsilon^e$),即

$$\varepsilon = \varepsilon^e \tag{3-1}$$

式中 $\varepsilon$——单元的总应变。

屈服后,单元的应力-应变关系呈非线性分布,单元的应变由弹性应变($\varepsilon^e$)和塑性应变($\varepsilon^p$)构成。此时单元总应变为

$$\varepsilon = \varepsilon^e + \varepsilon^p \tag{3-2}$$

本书以塑性剪切应变参量 $\varepsilon^{ps}$ 来描述单元在非线性阶段的塑性变形。在不

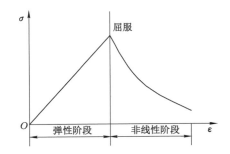

图 3-1  单元的应力-应变关系

考虑中间主应力 $\sigma_2$ 的情况下，$\varepsilon^{ps}$ 可写为[177]：

$$\varepsilon^{ps} = \left\{ \frac{1}{2} \left[ (\varepsilon_1^p - \varepsilon_m^p)^2 + (\varepsilon_m^p)^2 + (\varepsilon_3^p - \varepsilon_m^p)^2 \right] \right\}^{\frac{1}{2}} \tag{3-3}$$

其中

$$\varepsilon_m^p = \frac{1}{3} (\varepsilon_1^p + \varepsilon_3^p) \tag{3-4}$$

式中，$\varepsilon_1^p$，$\varepsilon_3^p$ 均为塑性主应变分量。根据岩石材料常规三轴试验所获得的数据，绘制出在不同围压下主应力差 $(\sigma_1 - \sigma_3)$ 与轴向应变 $\varepsilon_1$ 和侧向应变 $\varepsilon_3$ 的曲线，从而获得岩石材料的塑性主应变分量。

FLAC³D 里内置的应变软化模型是基于 Mohr-Coulomb 屈服准则建立起来的，岩石材料在峰后应变软化阶段任意一点的应力状态满足如下 Mohr-Coulomb 强度准则：

$$\sigma_1 = \frac{1 + \sin \varphi(\varepsilon^{ps})}{1 - \cos \varphi(\varepsilon^{ps})} \sigma_3 + \frac{2c(\varepsilon^{ps}) \cos \varphi(\varepsilon^{ps})}{1 - \sin \varphi(\varepsilon^{ps})} \tag{3-5}$$

式中，$\varphi(\varepsilon^{ps})$，$c(\varepsilon^{ps})$ 是用户在岩石材料达到屈服后，设置的抗剪强度参数与塑性应变之间的功能函数。功能函数的表现形式是分段函数，在岩石材料塑性屈服后，其对单元的内摩擦角 $\varphi$ 和黏聚力 $C$ 逐渐进行弱化处理。设自定义功能函数为

$$c(\varepsilon^{ps}) = \begin{cases} C_p & \varepsilon^{ps} \leqslant \varepsilon_p \\ \dfrac{C_r - C_p}{\varepsilon_r - \varepsilon_p} (\varepsilon^{ps} - \varepsilon_p) + C_p & \varepsilon_p < \varepsilon^{ps} < \varepsilon_r \\ C_r & \varepsilon^{ps} \geqslant \varepsilon_r \end{cases} \tag{3-6}$$

$$\varphi(\varepsilon^{ps}) = \begin{cases} \varphi_p & \varepsilon^{ps} \leqslant \varepsilon_p \\ \dfrac{\varphi_r - \varphi_p}{\varepsilon_r - \varepsilon_p} (\varepsilon^{ps} - \varepsilon_p) + \varphi_p & \varepsilon_p < \varepsilon^{ps} < \varepsilon_r \\ \varphi_r & \varepsilon^{ps} \geqslant \varepsilon_r \end{cases} \tag{3-7}$$

式中,$\varepsilon_p$,$\varepsilon_r$ 分别表示峰值处的塑性应变和残余强度开始处的塑性应变;$C_p$,$\varphi_p$,$C_r$,$\varphi_r$ 分别表示峰值处的黏聚力、内摩擦角和残余强度开始处的黏聚力、内摩擦角。

通过强度准则,建立应力与抗剪强度参数之间的关系,进而以抗剪强度参数为桥梁得到材料在应变软化阶段的应力与应变之间的关系。单元屈服后,通过功能函数和塑性应变的大小计算出此刻迭代步的抗剪强度参数,并对其进行更新,然后进入下一迭代步的计算,如此循环,直至数值计算结束。

因此,在数值模拟计算中,应变软化模型较 Mohr-Coulomb 模型更能真实地反映围岩破坏情况,进而可为巷道合理支护方案的提出提供可靠的依据。鉴于此,下文采用应变软化模型对深部充填留巷围岩进行数值模拟分析。

### 3.1.2 偏应力分析指标

物体内的任意一点应力状态可以由 9 个应力分量来描述,这些应力分量包括 3 个正应力分量和 6 个剪应力分量,将这 9 个应力分量按照服从一定坐标变换式排列而定义的量叫作应力张量。在塑性力学中,通常将应力张量分为球应力张量(静水应力张量)和偏应力张量两部分。当一点应力状态以主应力表示时,则应力张量可以分解为[设 $\sigma_i(i=1,2,3)$ 为相互垂直的主应力,$\sigma_1 \geqslant \sigma_2 \geqslant \sigma_3$]

$$\begin{bmatrix} \sigma_1 & 0 & 0 \\ 0 & \sigma_2 & 0 \\ 0 & 0 & \sigma_3 \end{bmatrix} = \begin{bmatrix} \sigma_m & 0 & 0 \\ 0 & \sigma_m & 0 \\ 0 & 0 & \sigma_m \end{bmatrix} + \begin{bmatrix} \sigma_1 - \sigma_m & 0 & 0 \\ 0 & \sigma_2 - \sigma_m & 0 \\ 0 & 0 & \sigma_3 - \sigma_m \end{bmatrix} \tag{3-8}$$

式(3-8)中,右边第 1 项是球应力张量,$\sigma_m$ 为球应力张量分量,即球应力,其只引起岩体单元体积改变,不引起岩体单元形状改变,球应力表达式为

$$\sigma_m = \frac{1}{2}(\sigma_1 + \sigma_2 + \sigma_3) \tag{3-9}$$

右边第 2 项是偏应力张量,$\sigma_1 - \sigma_m$ 为主偏应力(偏应力),其只引起岩体单元畸变,即只引起岩体单元形状变化,不引起岩体单元体积变化。偏应力是导致围岩变形和破坏的本质原因。

式(3-8)中,$\sigma_1 - \sigma_m$ 为最大主偏应力 $\sigma'_1$,在应力张量中起主导作用,本书以最大主偏应力为分析围岩稳定性的指标。最大主偏应力的表达式为

$$\sigma'_1 = \sigma_1 - \frac{1}{3}(\sigma_1 + \sigma_2 + \sigma_3) \tag{3-10}$$

### 3.1.3 计算模型建立

为了探讨深部充填留巷围岩变形和破坏规律,进而为留巷围岩支护方案提

供指导,采用 FLAC$^{3D}$ 软件对留巷围岩偏应力时空演化规律进行分析。根据研究问题需要,建立三维数值计算模型如图 3-2 所示,模型尺寸:$x \times y \times z = 220\ m \times 150\ m \times 100\ m$(长×宽×高),模型上部施加载荷为 19.99 MPa(采深 850 m),侧压系数为 1.2。工作面沿 $x$ 方向推进,左、右边界 $x$ 方向位移固定,前、后边界 $y$ 方向位移固定,底部 $z$ 方向位移固定,采用应变软化模型进行研究,岩层力学参数见表 3-1。

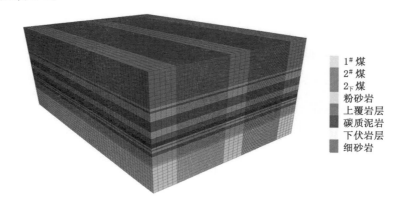

1$^{#}$ 煤
2$^{#}$ 煤
2$_{下}$ 煤
粉砂岩
上覆岩层
碳质泥岩
下伏岩层
细砂岩

图 3-2　数值计算模型

表 3-1　岩层力学参数

| 岩石名称 | 密度 /(kg/m³) | 体积模量 /GPa | 剪切模量 /GPa | 黏聚力 /MPa | 内摩擦角 /(°) | 抗拉强度 /MPa |
|---|---|---|---|---|---|---|
| 上覆岩层 | 2 500 | 10.250 | 5.030 | 2.900 | 31.0 | 2.500 0 |
| 粉砂岩 | 2 750 | 8.820 | 4.840 | 3.000 | 31.0 | 2.570 0 |
| 细砂岩 | 2 700 | 7.870 | 3.380 | 2.650 | 30.0 | 2.400 0 |
| 2$^{#}$ 煤 | 1 350 | 2.350 | 1.470 | 1.500 | 20.0 | 1.400 0 |
| 碳质泥岩 | 2 360 | 3.680 | 2.100 | 2.100 | 25.0 | 1.500 0 |
| 下覆岩层 | 2 525 | 9.880 | 4.920 | 2.260 | 30.0 | 2.100 0 |
| 充填体 | 1 135 | 0.044 | 0.025 | 0.331 | 18.1 | 0.098 7 |

经现场对实际接顶充填高度进行测量,得到实际接顶充填高度为 4.3 m(采高为 4.5 m),说明顶板存在一定的下沉量。因此,为了使工作面推进和充填开采符合现场实际,模拟中接顶充填高度为 4.3 m,采用分步开挖和分步充填,即工作面开挖 2 m,同时紧随其后对采空区充填 2 m,采用"一挖一充"直至工作面开挖完(共模拟开挖 160 m)。

在 1126 运料巷中布置 7 个测面,其中测面 1 到测面 7 距工作面开切眼的距离分别为 32 m、48 m、64 m、80 m、96 m、112 m 及 128 m,如图 3-3 所示。在每个测面中,分别沿顶板、底板、实体煤帮和回采帮/充填体帮中线处各布置 1 条垂直于巷道轴向的测线(分别为顶板测线、底板测线、实体煤帮测线和回采帮/充填体帮测线),并在测线上布置若干个测点。从工作面回采开始到工作面回采结束的整个过程对围岩偏应力进行监测,具体如下:工作面每推进 8 m,对 7 个测面中的每条测线分别进行 1 次监测,并提取在此次推进步距下每条测线中测点的监测值;到工作面回采结束(工作面推进 160 m)时,对 7 个测面中的每条测线分别进行了 20 次监测,并对每条测线中测点的监测值进行提取,以此绘制出随工作面推进,顶底板和两帮偏应力分布规律曲线。在充填开采过程中,每个监测位置都将随回采巷道经历未受采动影响阶段、超前采动影响阶段、留巷采动影响阶段的所有过程。

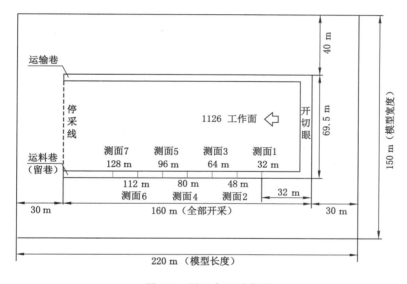

图 3-3  测面布置示意图

## 3.2  深部充填留巷围岩偏应力和塑性区演化规律

### 3.2.1  沿巷道轴向偏应力和塑性区分布规律

图 3-4 为工作面推进 80 m(即工作面推进到测面 4)时沿巷道轴向偏应力分布图,图 3-5 为工作面推进 80 m 时沿巷道轴向塑性区分布图。不考虑留巷端部

影响,分析沿巷道轴向偏应力分布规律。

由图 3-4(a)可知,① 顶板偏应力分布规律:超前采动影响较明显区约 32 m,留巷采动影响较明显区约 32 m;滞后工作面约 32 m 以后,顶板围岩受留巷采动影响逐渐趋于稳定。② 底板偏应力分布规律:超前采动影响较明显区约 16 m,留巷采动影响较明显区约 24 m;滞后工作面约 24 m 以后,底板围岩受留巷采动影响逐渐趋于稳定。在滞后工作面段,顶底板偏应力峰值大幅度向深部稳定岩层中转移,顶底板围岩破坏深度增加。

由图 3-4(b)可知,超前采动影响较明显区约 16 m。在滞后工作面段,充填体先呈较低应力状态,之后呈逐渐承载变化趋势;实体煤帮始终受留巷采动影响,且偏应力峰值向深部转移,其围岩破坏深度增加。

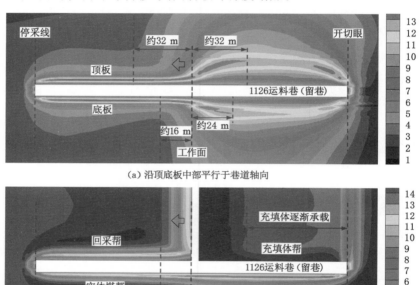

(a) 沿顶底板中部平行于巷道轴向

(b) 沿两帮中部平行于巷道轴向

图 3-4 工作面推进 80 m 时沿巷道轴向偏应力分布图(单位:MPa)

由图 3-5 可知,在受超前采动影响之前,偏应力峰值分布于巷道浅部围岩中,巷道围岩塑性区边界扩展缓慢。逐渐接近采动影响范围时,偏应力峰值向深部稳定岩层中转移,巷道围岩塑性区逐步向深部发展。受采动影响时,随偏应力峰值向深部稳定岩层大范围转移,围岩塑性区呈大范围向深部拓展变化趋势。

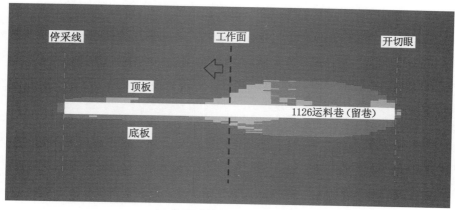

（a）沿顶底板中部平行于巷道轴向

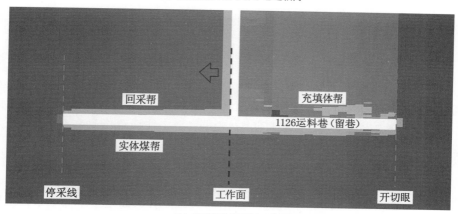

（b）沿两帮中部平行于巷道轴向

破坏区域                              未破坏区域

图 3-5   工作面推进 80 m 时沿巷道轴向塑性区分布图

分析沿巷道轴向偏应力分布规律可知,在超前工作面段,超前采动影响较明显区顶板约为 32 m,底板和两帮均约为 16 m;在滞后工作面段,留巷采动影响较明显区顶板约为 32 m,底板约为 24 m,实体煤帮和充填体帮始终受留巷采动影响。工作面开挖后及时充填采空区,引起围岩应力重新分布,加之开挖临空面的形成,从而导致巷道浅部围岩偏应力高度集中,达到一定程度后,引起浅部围岩破坏,顶底板和实体煤帮偏应力峰值大幅度向深部稳定岩层中转移,围岩塑性区逐步向深部发展。充填体先呈较低应力状态,之后逐渐成为主要支撑体承载上覆岩层载荷,进而限制上覆岩层运动,充填体逐渐承载后,顶底板和实体煤帮受留巷采动影响逐渐趋于稳定。

由工作面采动影响较明显区可知,要实现留巷围岩稳定,应在受到超前采动影响之前(超前工作面距离大于 32 m),完成巷道围岩加强支护,即在巷道中部支设单体液压支柱和实体煤帮补打帮锚索。在留巷段,由于充填体帮承载能力低,致使采空区充填体留巷侧顶板下沉量较大,进而影响留巷围岩整体稳定性,要实现充填体侧顶板围岩稳定,需增加巷旁支护,同时在对充填体留巷侧表面采用护表构件,以提高充填体帮的承载能力。同时,研究采动影响范围内巷道围岩偏应力和塑性区演化规律,对留巷围岩支护方案的确定具有重要指导意义。

### 3.2.2 留巷围岩偏应力和塑性区分布规律

选取具有代表性的测面 4(距开切眼 80 m)为研究对象,来分析说明留巷围岩偏应力和塑性区分布规律。

#### 3.2.2.1 留巷围岩偏应力分布曲线

图 3-6 为测面 4 随工作面推进围岩偏应力分布曲线,当工作面从推进 48 m到推进 112 m过程中,测面 4 位于采动影响较明显区。图 3-6(d)中,当工作面逐渐接近测面时,回采帮/充填体帮是实体煤,当工作面逐渐远离测面时,回采帮/充填体帮是充填体。

(1)顶底板偏应力分布曲线

由图 3-6(a)、(b)可知,随工作面推进,顶底板偏应力分布曲线形态基本一致。① 工作面推进 48 m之前,顶底板偏应力在围岩浅部呈类线性关系快速增加至峰值,峰值后在围岩深部呈类负指数关系逐渐降低并最终趋于稳定,整体呈现"线性"到"负指数"的分布形态。顶底板偏应力峰值在逐渐降低。② 工作面从推进 48 m到推进 112 m,逐渐接近测面时,顶底板偏应力整体也呈现"线性"到"负指数"的分布形态;逐渐远离测面时,顶底板偏应力呈类对数关系增加至峰值,峰值后呈类负指数关系逐渐降低并最终趋于稳定。顶底板偏应力峰值向深部大范围转移,顶底板偏应力峰值分别转移至 15.5 m、10 m处,顶底板破坏范围大幅度增加。③ 工作面推进 112 m以后,顶底板偏应力呈类对数关系增加至峰值,峰值后呈类负指数关系逐渐降低并最终趋于稳定。顶板偏应力峰值逐渐增加,底板偏应力峰值逐渐降低。

当位于采动影响较明显区时,随工作面推进,顶底板偏应力峰值向深部稳定岩层转移,转移范围均达到 10 m以上,所以顶底板围岩破坏范围达 10 m以上。要实现顶板稳定,应采用高强度、高预应力锚杆索和高预应力桁架锚索

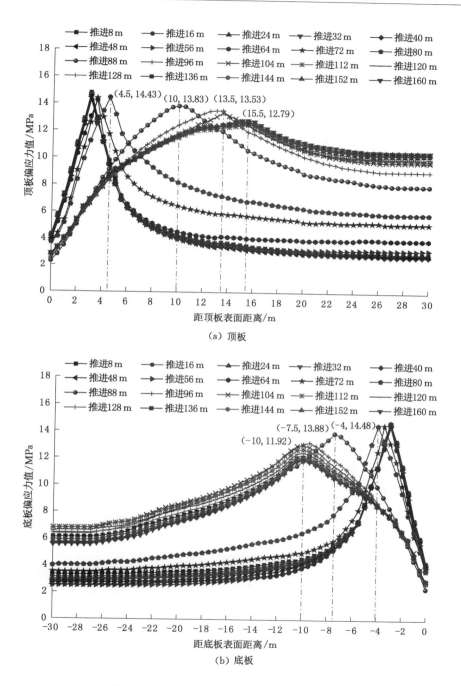

（a）顶板

（b）底板

图 3-6　测面 4 随工作面推进偏应力分布曲线

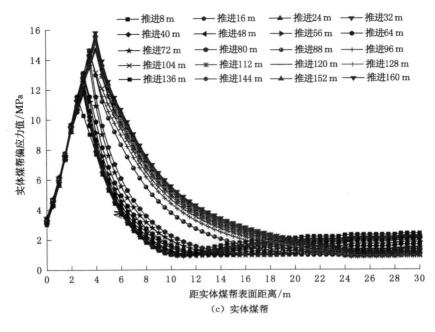

（c）实体煤帮

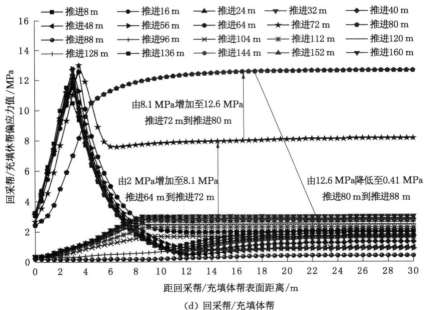

（d）回采帮/充填体帮

图 3-6（续）

支护,使顶板围岩形成整体结构。同时,为防止局部顶板围岩条件劣化而发生冒顶垮塌事故,采取在运料巷中部附近支设单体液压支柱进行加强支护的措施。

(2)实体煤帮偏应力分布曲线

由图 3-6(c)可知,从工作面回采开始到工作面回采结束,实体煤帮偏应力均是在围岩浅部呈类线性关系快速增加至峰值,峰值后向围岩深部呈类负指数关系逐渐降低并最终趋于稳定,整体呈现"线性"到"负指数"的分布形态,偏应力峰值在逐渐增加。

实体煤帮位于采动影响较明显区时,即对于测面 4,工作面从推进 48 m 到推进 112 m。实体煤帮偏应力峰值均转移至 4 m 处左右,破坏范围均大于 3 m,超过常规的锚杆支护作用范围,故实体煤帮应采用锚索进行加强支护,使锚索穿过偏应力峰值所在区域并锚固在稳定岩层中,以实现实体煤帮稳定。同时,应在受到超前剧烈采动影响之前对实体煤帮采用锚索加强支护措施,即超前工作面距离大于 16 m 完成实体煤帮加强支护工作。

(3)回采帮/充填体帮偏应力分布曲线

由图 3-6(d)可知,工作面推进 48 m 之前,回采帮偏应力在围岩浅部呈类线性关系快速增加至峰值,峰值后向围岩深部呈类负指数关系逐渐降低并最终趋于稳定,整体呈现"线性"到"负指数"的分布形态,偏应力峰值在逐渐增加。工作面从推进 48 m 到推进 112 m,逐渐接近测面时,回采帮偏应力整体也呈现"线性"到"负指数"的分布形态;逐渐远离测面时,充填体帮偏应力整体呈类对数关系增加并趋于稳定。工作面推进 112 m 以后,充填体帮偏应力整体呈类对数关系增加并趋于稳定。

随工作面推进,充填体帮偏应力逐渐增加,此时充填体对上覆岩层逐渐起到承载作用。回采帮位于采动影响较明显区时,回采帮由实体煤变成充填体过程中,回采帮偏应力变化较大。对于测面 4,工作面从推进 64 m 到推进 88 m 的过程中,回采帮/充填体帮偏应力由 2 MPa 快速增加到 12.6 MPa,而后快速降低到 0.41 MPa,降低了 12.19 MPa。这是由于回采帮由实体煤变成充填体,充填体强度较低,导致充填体帮偏应力快速下降。为保证回采期间充填体侧顶板围岩稳定,需增加巷旁支护,同时对充填体留巷侧表面采用护表构件,以提高充填体帮承载能力。

### 3.2.2.2 留巷围岩偏应力和塑性区分布形态

图 3-7 为随工作面推进留巷围岩偏应力分布云图,图 3-8 为工作面推进 160 m 时留巷围岩偏应力三维分布云图,图 3-9 为随工作面推进围岩塑性区演化分布形态图。

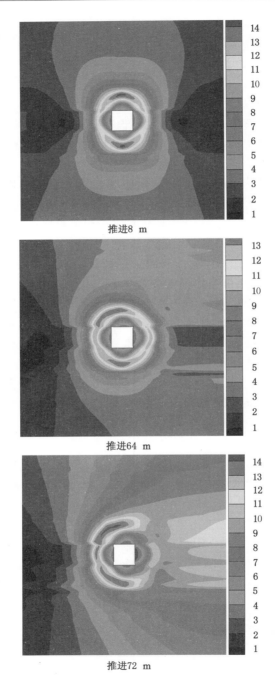

图 3-7　随工作面推进留巷围岩偏应力分布云图(单位:MPa)

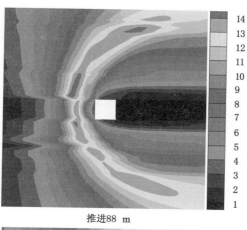

推进88 m

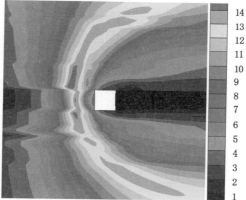

推进96 m

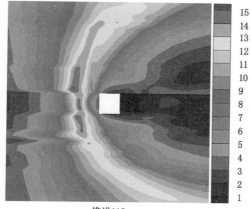

推进112 m

图 3-7(续)

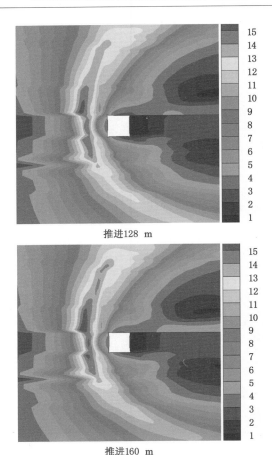

推进128 m

推进160 m

图 3-7(续)

由图 3-7 和图 3-8 可知,工作面推进 64 m 之前,偏应力分布演化形态为瘦高椭圆状,偏应力峰值带位于顶底板。工作面从推进 64 m 到推进 112 m,偏应力分布演化形态为近似圆状→小半圆拱→大半圆拱,偏应力峰值带由顶底板转移到顶底帮角(实体煤侧)和实体煤帮,形成范围更广并向深部大范围转移的偏应力场。回采帮/充填体帮偏应力先快速增加,后快速降低,之后再缓慢增加。工作面推进超过 112 m,偏应力分布演化形态为扇形拱,偏应力峰值带位于顶底帮角(实体煤侧)和实体煤帮。

偏应力峰值带以里岩体处于稳定与不稳定过渡状态,偏应力峰值带以外岩体处于稳定状态,顶底板偏应力沿煤层顶底板(从充填体侧到实体煤侧)逐渐增加至峰值后逐渐降低,具有非对称分布特征。鉴于此,充填留巷围岩应采用非对

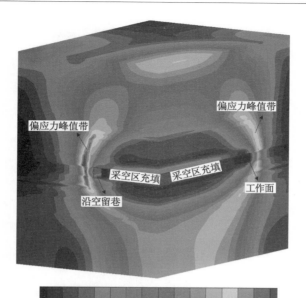

(a) 分布云图

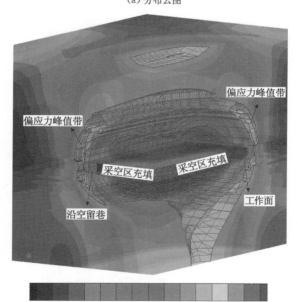

(b) 内部结构

图 3-8　工作面推进 160 m 时留巷围岩偏应力三维分布云图(单位:MPa)

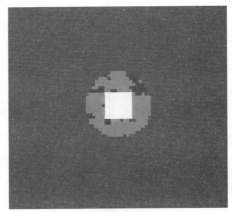

推进8 m

推进64 m

推进72 m

图 3-9   随工作面推进围岩塑性区演化分布形态图

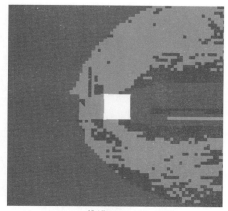

推进88 m

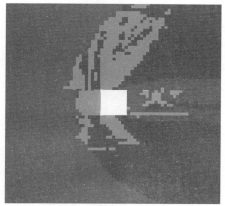

推进96 m

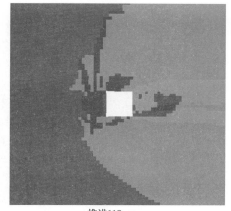

推进112 m

图 3-9(续)

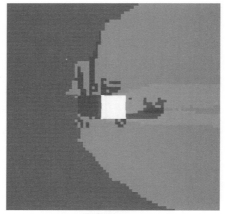

推进128 m

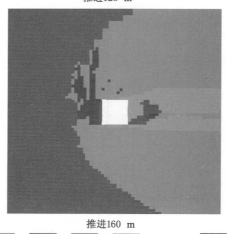

推进160 m

破坏区域　　　　　　　　　　　　　未破坏区域

图 3-9（续）

称控制技术来适应偏应力非对称分布的特征，以实现巷道围岩稳定。

　　由图 3-9 可知，随工作面推进，当工作面逐渐接近测面时，塑性区分布演化形态为近似椭圆状→近似圆状；当工作面逐渐远离测面时，塑性区分布演化形态为近似半球状，顶底板塑性区范围大幅度增加，其范围均大于实体煤帮塑性区范围，且顶板塑性区呈非对称分布特征。

　　在工作面开挖过程中，巷道围岩应力重新分布，巷道浅部围岩在偏应力作用下发生破坏，围岩中偏应力峰值向深部稳定岩层中转移，偏应力峰值带以里岩体发生破坏，进而塑性区也向深部大范围转移。随工作面推进，充填体逐渐成为主要支撑体承载上覆岩层载荷,进而限制上覆岩层运动。在充填体逐渐承载过程中,巷道围岩偏应力峰值带向顶底帮角(实体煤侧)和实体煤帮转移,塑性区以近似半球状演化,围岩偏应力和塑性区呈非对称分布特征。要实现顶底帮角(实体煤侧)和实体煤帮稳定,应使顶底帮角和实体煤帮锚索穿过偏应力峰值带且锚固在稳定岩层中。回采帮由实体煤到充填体变化过程中(即工作面推进 64 m→推进 72 m→推进 80 m→推进 88 m),回采帮偏应力的演化过程为先快速增加、后快速降低。充填体整体强度较周围岩体低,为保证回采期间充填体侧顶板围岩稳定和充填体帮承载能力,需增加巷旁支护和护表构件。

### 3.2.2.3 留巷围岩偏应力峰值和塑性区范围变化规律

图 3-10 为随工作面推进偏应力峰值变化规律,图 3-11 为随工作面推进塑性区范围变化规律。

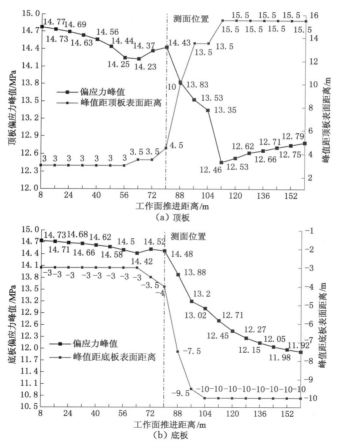

图 3-10  随工作面推进偏应力峰值变化规律

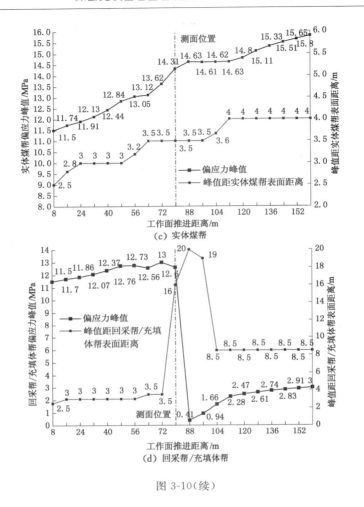

图 3-10(续)

（1）随工作面推进，顶板偏应力峰值和塑性区范围变化规律为：① 偏应力峰值缓慢降低(推进 8～64 m)→缓慢增加(推进 64～80 m)→快速降低(推进 80～112 m)→缓慢增加(推进 112 m 以后)。② 偏应力峰值距顶板表面距离为恒定→快速增加→恒定。在快速增加段，顶板偏应力峰值快速向深部转移(峰值由 3.5 m 快速转移至 15.5 m，转移 12 m)。③ 顶板塑性区范围先恒定、后快速增加、最后保持恒定，顶板塑性区到巷道表面距离由 3 m 增加至 13.5 m，增加 3.5 倍。

当工作面逐渐远离测面时，顶板偏应力峰值先快速降低、后缓慢增加，顶板偏应力峰值和塑性区范围距顶板表面距离均先快速增加、后保持恒定，最终顶板偏应力峰值位置距顶板表面距离为 15.5 m，顶板塑性区到顶板表面距离为 13.5 m，顶板塑性区轮廓线位于顶板偏应力峰值带内部，间距为 0～2 m。可见，顶板围

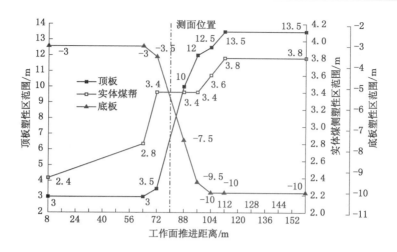

图 3-11　随工作面推进塑性区范围变化规律

岩破坏范围较大。顶板偏应力峰值和塑性区范围快速向深部转移是由于工作面开挖后充填采空区,巷道围岩应力重新分布,浅部围岩受到偏应力作用而发生破坏,浅部围岩偏应力降低,偏应力峰值向深部稳定岩层中转移。由顶板偏应力分布曲线[图 3-10(a)]可知,当工作面逐渐远离测面时,在距顶板表面 6～13.5 m 范围内,顶板偏应力为 9.5～13.83 MPa,是浅部围岩(偏应力为 3～5 MPa)的 1.9～4.6 倍。因此,虽然顶板在该区域内进入了塑性区,但该区域不是破碎区,其仍具有相对较高的整体性和承载能力。由文献[178]可知,深部岩体所处的"三高一扰动"复杂力学环境使得深部巷道围岩大规模进入流动状态,很难找到适合锚索锚固的稳定区域,但可以找到相对承载能力较高的区域,实现锚索有效承载,从而发挥围岩的主动承载能力以实现深部巷道围岩稳定。

　　根据顶板偏应力峰值带向顶帮角(实体煤侧)转移和回采帮偏应力快速降低的特点,为保证顶板围岩稳定,对顶板进行高强度、高预应力锚杆索支护,并将靠近实体煤帮锚索采取倾斜方式布置,使其越过顶帮角偏应力峰值带且锚固在稳定岩层中,进而使顶板形成浅、深部连接的大范围整体承载结构。同时,采用高预应力桁架锚索,将桁架锚索中靠近实体煤帮的锚索越过顶帮角偏应力峰值带且锚固在稳定岩层中,用桁架锚索使顶板围岩形成整体结构,实现顶板围岩稳定。现场实践表明锚索锚固性能较好,锚索锚固区域的承载能力较强,说明锚索能够满足留巷支护要求。可见,虽然顶板塑性区深度较大,但在一定区域内仍具有相对较高的整体性和承载能力,可以使锚索发挥较好的支护性能。

　　(2)随工作面推进,底板偏应力峰值和塑性区变化规律为:① 偏应力峰值缓慢降低(推进 8~64 m)→缓慢增加(推进 64~80 m)→快速降低(推进 80~112 m)→缓慢降低(推进 112 m 以后)。② 偏应力峰值距底板表面距离为恒定→快速增加→恒定的转移趋势。在快速增加段,底板偏应力峰值快速向深部转移(峰值由 3 m 快速转移至 10 m,转移 7 m)。③ 底板塑性区范围先恒定、后快速增加、最后保持恒定,底板塑性区到巷道表面距离由 3 m 增加至 10 m,增加 2.3 倍。

当工作面逐渐远离测面时,底板偏应力峰值先快速降低、后缓慢降低,底板偏应力峰值和塑性区范围距底板表面距离均先快速增加、后保持恒定,最终底板偏应力峰值距底板表面距离为 10 m,底板塑性区到底板表面距离为 10 m,底板塑性区轮廓线位于底板偏应力峰值带附近。

(3) 随工作面的推进,实体煤帮偏应力峰值和塑性区变化规律为:① 偏应力峰值逐渐增加;② 偏应力峰值距实体煤帮表面距离逐渐增加,最终增加至 4 m;③ 实体煤帮塑性区范围逐渐增加,最终增加至 3.8 m。

当工作面逐渐远离测面时,实体煤帮偏应力峰值达 15.8 MPa,实体煤帮偏应力峰值和塑性区范围距实体煤帮表面分别达 4 m、3.8 m,实体煤帮塑性区轮廓线位于实体煤帮偏应力峰值带内部,间距 0.1~0.2 m,可知实体煤帮破坏范围大于 3 m,已超过常规锚杆支护作用范围,围岩整体稳定性较差。为保证围岩稳定性,实体煤帮需采用帮锚索支护形式,使帮锚索穿过偏应力峰值带,并锚固在稳定煤体中,与帮锚杆支护结构共同形成深、浅部连接的较大范围高稳定性围岩承载结构。

(4) 随工作面推进,回采帮/充填体帮偏应力峰值变化规律为:① 偏应力峰值缓慢增加(推进 8~80 m)→快速降低(推进 80~88 m)→快速增加(推进 88~112 m)→缓慢增加(推进 112 m 以后);② 偏应力峰值距回采帮/充填体帮表面距离缓慢增加(推进 8~72 m)→快速增加(推进 72~88 m)→快速降低(推进 88~104 m)→恒定(推进 104 m 以后)。

回采帮由实体煤变成充填体过程中,偏应力峰值出现快速下降,并快速向深部转移。由于充填体帮承载能力低,致使采空区充填体留巷侧顶板下沉量较大,进而影响留巷围岩整体稳定性。因此,对充填体留巷侧表面采用护表构件,使充填体浅部围岩由二向受压状态调整为三向受压状态,以提高充填体帮承载能力,同时对充填体侧采用巷旁支护的措施,以防止充填体侧顶板出现严重下沉,保障顶板的整体稳定性。

由以上分析得到,顶底板和实体煤帮的偏应力峰值带位置与塑性区轮廓线间距 0~2 m,两者的空间位置关系如图 3-12 所示。据此可知,偏应力峰值带位于弹塑性交界面区域,偏应力峰值带以里岩体处于稳定和不稳定过渡状态,偏应力决定塑性区的发生和发展,对塑性区破坏有重要影响,因此要实现留巷围岩稳定需控制偏应力峰值带以里不稳定岩体的稳定。基于此,提出实体煤侧顶板锚索采用倾斜布置并穿过偏应力峰值带和塑性区轮廓线的方法,同时实体煤帮锚索也穿过偏应力峰值带和塑性区轮廓线,以实现偏应力峰值带以里不稳定岩体的稳定[179]。

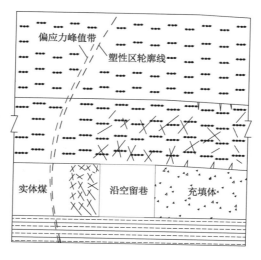

图 3-12 空间位置关系

综上所述,不考虑留巷端部影响,将留巷围岩偏应力演化过程划分为 3 个阶段,如图 3-13 所示,其中两帮始终受留巷采动影响。设停采线位于 A 处、工作面位于 G 处、开切眼位于 E 处,则超前采动影响较明显区为 GB;留巷采动影响较明显区为 GC,留巷端部影响范围为 DE。阶段 I 是 AB 段,偏应力和塑性区整体呈较稳定慢速变化。阶段 II 是 BC 段,即采动影响较明显区,偏应力和塑性区整体呈不稳定快速变化,其中超前采动影响较明显区(GB 段)在顶板约为 32 m,在底板和两帮均约为 16 m,留巷采动影响较明显区(GC 段)在顶板约为 32 m,在底板约为 24 m;阶段 III 是 CD 段,偏应力和塑性区整体呈稳定慢速变化。可见,在采动影响较明显区(阶段 II)实现留巷围岩稳定性控制是保证留巷成功的关键。以工作面推进到 80 m 为例,设开切眼位置为 0 m,停采线位置为 160 m,则 AB 段在顶板为 112~160 m,在底板和两帮为 96~160 m;在 BC 段,超前采动影响较明显区在顶板约为 32 m,在底板和两帮约为 16 m,留巷采动影响较明显区在顶板约为 32 m,在底板约为 24 m;在 CD 段,留巷采动影响逐渐趋于稳定。

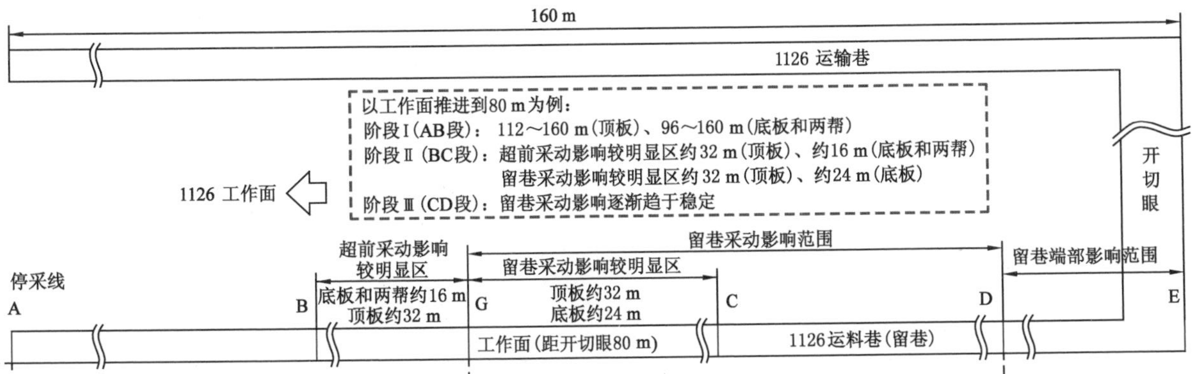


| | | | |
|---|---|---|---|
| 塑性区演化形态 | 近似椭圆状→近似圆状 | 半球状 | |
| 塑性区范围变化 | 顶底板：恒定<br>实体煤帮：缓慢增长 | 顶底板：快速增长<br>实体煤帮：快速增长 | 顶底板：恒定<br>实体煤帮：恒定 |
| 任意推进步距下围岩偏应力分布曲线 | 峰前 / 峰后<br>顶底板、两帮：“线性”增长 / “负指数”降低 | 峰前 / 峰后<br>顶底板 超前工作面：“线性”增长<br>顶底板 滞后工作面：“对数”增长<br>实体煤帮：“线性”增长<br>回采帮/充填体帮 超前工作面：“线性”增长<br>（峰后）“负指数”降低<br>回采帮/充填体帮 滞后工作面：整体呈“对数”增长 | 峰前 / 峰后<br>顶底板：“对数”增长<br>实体煤帮：“线性”增长<br>（峰后）“负指数”降低<br>充填体帮：整体呈“对数”增长 |
| 偏应力分布云图 | 瘦高椭圆状 | 近似圆状→小半圆拱→大半圆拱 | 扇形拱 |
| 偏应力峰值变化 | 顶底板：缓慢降低<br>两帮：缓慢增长 | 实体煤帮：快速增长<br>顶板：缓慢增长→快速降低<br>底板：缓慢增长→快速降低<br>回采帮/充填体帮：缓慢增长→快速降低→快速增长 | 顶板：缓慢增长<br>底板：缓慢降低<br>两帮：缓慢增长 |
| 偏应力峰值位置 | 顶底板保持恒定<br>两帮缓慢向深部转移 | 顶底板和实体煤帮：快速向深部转移；回采帮/充填体帮：先快速向深部转移，后快速向浅部转移 | 顶底板保持恒定<br>两帮保持恒定 |
| | 较稳定慢速<br>阶段Ⅰ | 不稳定快速<br>阶段Ⅱ | 稳定慢速<br>阶段Ⅲ |

图3-13 巷道围岩偏应力和塑性区时空演化规律(工作面推进到80 m)

## 3.3   小结

通过建立深部充填留巷数值计算模型,采用应变软化模型研究从工作面回采开始到工作面回采结束留巷围岩偏应力和塑性区时空演化规律,得到如下结论:

(1) 根据数值模拟分析得到,超前采动影响较明显区在顶板约为 32 m,在底板和两帮均约为 16 m;留巷采动影响较明显区在顶板约为 32 m,在底板约为 24 m,实体煤帮和充填体帮始终受留巷采动影响。同时,偏应力峰值位置与塑性区范围呈非线性正比关系。不考虑留巷端部影响,可将留巷围岩偏应力演化过程划分为 3 个阶段,即较稳定慢速阶段(阶段Ⅰ)、不稳定快速阶段(阶段Ⅱ,采动影响较明显区)、稳定慢速阶段(阶段Ⅲ),在采动影响较明显区(阶段Ⅱ)实现留巷围岩稳定性控制是保证留巷成功的关键。

(2) 随工作面推进,留巷围岩偏应力以瘦高椭圆状→近似圆状→小半圆拱→大半圆拱→扇形拱进行时空演化。偏应力峰值带以顶底板→顶底帮角(实体煤侧)和实体煤帮进行转移。塑性区以近似椭圆状→近似圆状→半球状进行演化。在沿空留巷段,留巷围岩偏应力和塑性区具有非对称分布及非对称演化特征,且塑性区轮廓线位于偏应力峰值带内部,间距为 0~2 m,偏应力峰值带位于弹塑性交界面区域。据此,认为采空区充填体侧需进行重点加固,顶板需进行非对称加固,顶底帮角、实体煤帮需控制偏应力峰值带以里不稳定岩体的稳定。

# 4 充填留巷围岩偏应力时空演化因素分析

结合第 3 章对深部充填留巷围岩偏应力和塑性区时空演化规律的分析,并在前文所述工程地质条件及留巷围岩偏应力研究方法的基础上,探讨分析不同采深、不同采高、不同侧压系数和不同充填高度条件下充填留巷围岩偏应力和塑性区时空演化规律,并通过演化因素的权重分析,确定充填留巷围岩偏应力时空演化因素的影响程度,进一步揭示偏应力对沿空留巷围岩活动的主控作用。

## 4.1 充填留巷围岩偏应力时空演化影响因素

充填留巷围岩变形破坏是围岩塑性区形成和发展的结果,而偏应力决定塑性变形的发生和发展,只有在研究偏应力时空演化规律的基础上才能从本质上揭示充填留巷围岩的变形破坏机理。同时,影响充填留巷围岩偏应力时空演化的因素有多种,选取对充填留巷围岩结构影响较显著的 4 个因素进行研究,即采深、采高、侧压系数和充填高度。针对不同采深、不同采高、不同侧压系数和不同充填高度进行数值模拟研究,探究充填留巷围岩偏应力和塑性区时空演化规律,揭示充填留巷围岩不均匀变形和破坏机制,为充填留巷围岩控制原理和支护技术的研究奠定基础。

以邢东矿 1126 深部充填开采工作面沿空留巷的生产地质条件为基础(即采深 850 m、采高 4.5 m、侧压系数 1.2 和充填高度 4.3 m,该模拟方案已在第 3 章作了分析阐述),根据试验的可行性确定不同因素模拟方案,其中采深选取 4 个水平:650 m、850 m、1 050 m、1 250 m;采高选取 3 个水平:2.5 m、3.5 m、4.5 m;侧压系数选取 3 个水平:1.0、1.2、1.4;充填高度选取 4 个水平:3.9 m、4.1 m、4.3 m、4.5 m。不同因素模拟方案如表 4-1、表 4-2、表 4-3 和表 4-4 所列,其中表 4-1、表 4-2、表 4-3 和表 4-4 分别为采深、采高、侧压系数和充填高度因素数值模拟方案。

表 4-1　不同采深数值模拟方案

| 序号 | 采深/m | 采高/m | 侧压系数 | 充填高度/m |
|---|---|---|---|---|
| 1 | 650 | 4.5 | 1.2 | 4.3 |
| 2 | 850 | 4.5 | 1.2 | 4.3 |

表 4-1(续)

| 序号 | 采深/m | 采高/m | 侧压系数 | 充填高度/m |
|---|---|---|---|---|
| 3 | 1 050 | 4.5 | 1.2 | 4.3 |
| 4 | 1 250 | 4.5 | 1.2 | 4.3 |

表 4-2　不同采高数值模拟方案

| 序号 | 采深/m | 采高/m | 侧压系数 | 充填高度/m |
|---|---|---|---|---|
| 1 | 850 | 2.5 | 1.2 | 2.3 |
| 2 | 850 | 3.5 | 1.2 | 3.3 |
| 3 | 850 | 4.5 | 1.2 | 4.3 |

表 4-3　不同侧压系数数值模拟方案

| 序号 | 采深/m | 采高/m | 侧压系数 | 充填高度/m |
|---|---|---|---|---|
| 1 | 850 | 4.5 | 1.0 | 4.3 |
| 2 | 850 | 4.5 | 1.2 | 4.3 |
| 3 | 850 | 4.5 | 1.4 | 4.3 |

表 4-4　不同充填高度数值模拟方案

| 序号 | 采深/m | 采高/m | 侧压系数 | 充填高度/m |
|---|---|---|---|---|
| 1 | 850 | 4.5 | 1.2 | 3.9 |
| 2 | 850 | 4.5 | 1.2 | 4.1 |
| 3 | 850 | 4.5 | 1.2 | 4.3 |
| 4 | 850 | 4.5 | 1.2 | 4.5 |

不同数值模拟方案中,模型尺寸均为:$x \times y \times z = 220$ m $\times 150$ m $\times 100$ m,工作面沿 $x$ 方向推进,左、右边界 $x$ 方向位移固定,前、后边界 $y$ 方向位移固定,底部 $z$ 方向位移固定,采用应变软化模型进行研究,岩层力学参数见表 3-1。工作面开挖步距为 2 m,共模拟开挖 160 m,同时紧随工作面开挖对采空区进行充填,即开挖 2 m,充填 2 m,采用"一挖一充"直至工作面开挖完。参考第 3 章数值模拟监测方案和数据分析结果,本章监测方案为:在充填工作面运料巷中布置 3 个测面,其中测面 A、测面 B 和测面 C 距工作面开切眼的距离分别为 32 m、80 m 及 112 m,如图 4-1 所示。在每个测面顶板、底板、实体煤帮和回采帮/充填体帮中线处各布置 1 条测线,并在测线上布置若干个测点。具体如下:工作面每推进

8 m(共推进 160 m),对 2 个测面中的测线分别进行 1 次监测,共监测 20 次,以此得到充填工作面运料巷(留巷)围岩偏应力分布曲线,进而得出不同模拟方案下充填工作面运料巷(留巷)围岩偏应力和塑性区分布规律及其时空关系。

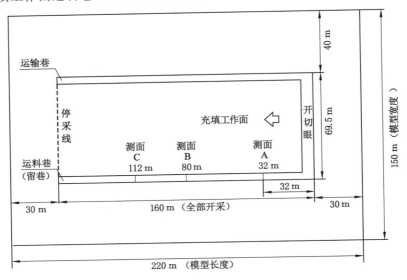

图 4-1 数值模拟方案的测面布置图

在不同模拟方案中,通过对 3 个测面随工作面推进围岩偏应力分布曲线进行统计,得到 3 个测面变化规律和曲线分布形态基本一致。同时在工作面回采全过程中,测面 B(距开切眼 80 m)能够较完整地反映在某一因素变化下,该因素对留巷围岩偏应力和塑性区时空演化全过程的影响程度大小,进而更易确定不同因素对充填留巷围岩偏应力和塑性区分布的影响程度,即易于进行影响因素权重关系对比研究。因此,下文针对不同因素条件下测面 B(距开切眼 80 m)进行详细分析。

## 4.2　充填留巷围岩偏应力时空演化采深效应

### 4.2.1　不同采深充填留巷围岩偏应力分布曲线对比

随工作面推进,根据监测方案绘制出不同采深下充填留巷围岩偏应力分布曲线,通过偏应力监测数据和曲线分布形态对比分析,认为工作面推进 160 m 时能够较为直观地反映不同采深对充填留巷围岩偏应力时空演化的影响程度,故选取这个工作面推进步距对采深因素的影响程度进行分析。

在不同采深条件下,为方便充填留巷围岩偏应力分布曲线分析,相关指标的含义阐述如下:从工作面回采开始到工作面回采结束的全过程中,当工作面逐渐接近测面时,回采帮/充填体帮是实体煤,当工作面逐渐远离测面时,回采帮/充填体帮是充填体,同时在底板偏应力分布曲线中用负值表示距底板表面距离。设偏应力分布曲线与横坐标间区域面积为 $S$,巷道顶板用 R 表示、巷道底板用 F 表示、实体煤帮用 E 表示、回采帮/充填体帮用 M/B 表示,则顶板偏应力分布曲线与横坐标间区域面积可表示为 $S_{R1250}$。

图 4-2 为工作面推进 160 m 时不同采深条件下测面 B(距开切眼 80 m)充填工作面留巷围岩偏应力分布曲线。

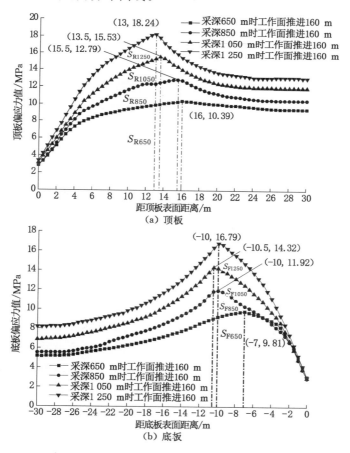

图 4-2 工作面推进 160 m 时不同采深条件下测面 B 充填工作面围岩偏应力分布曲线

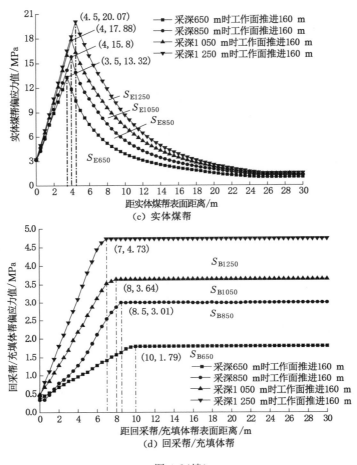

图 4-2(续)

（1）顶底板偏应力分布曲线

由图 4-2(a)、(b)可知,工作面推进 160 m 时,随采深增加充填留巷顶底板偏应力峰值逐渐增加,顶板偏应力峰值距顶板表面距离逐渐降低,底板偏应力峰值距底板表面距离逐渐增加,顶底板偏应力曲线与横坐标间区域面积逐渐增加,即 $S_{R650} < S_{R850} < S_{R1050} < S_{R1250}$, $S_{F650} < S_{F850} < S_{F1050} < S_{F1250}$。

（2）两帮偏应力分布曲线

由图 4-2(c)、(d)可知,工作面推进 160 m 时,随采深增加充填留巷实体煤帮和充填体帮偏应力峰值逐渐增加,实体煤帮偏应力峰值距实体煤帮表面距离逐渐增加,而充填体帮偏应力峰值距充填体帮表面距离逐渐降低,两帮偏应力曲线与横坐标间区域面积逐渐增加,即 $S_{E650} < S_{E850} < S_{E1050} < S_{E1250}$,$S_{B650} < S_{B850} < S_{B1050} < S_{B1250}$。

由以上分析可知,当工作面逐渐远离测面时,不同采深顶底板偏应力均呈类对数关系增加至峰值,峰值后呈类负指数关系逐渐降低并趋于稳定;实体煤帮偏应力在围岩浅部均呈类线性关系快速增加至峰值,峰值后向围岩深部呈类负指数关系逐渐降低并趋于稳定,整体呈现“线性”到“负指数”分布形态;充填体帮偏应力整体呈类对数关系增加并趋于稳定。

## 4.2.2　不同采深充填留巷围岩偏应力分布云图对比

图 4-3 为工作面推进 32 m、64 m、72 m、88 m、112 m 和 160 m 时不同采深条件下巷道围岩偏应力分布云图,图 4-4 为工作面推进 160 m 时不同采深条件下偏应力三维分布云图。

由图 4-3 和图 4-4 可知,随工作面推进,采深 650 m 和采深 850 m 巷道围岩偏应力分布演化形态为近似瘦高椭圆状→近似圆状→小半圆拱→大半圆拱→扇形拱,采深 1 050 m 和采深 1 250 m 巷道围岩偏应力分布演化形态为近似鼓状→近似圆状→小半圆拱→大半圆拱→扇形拱,同时偏应力峰值向顶底帮角和实体煤帮转移。随采深增加,巷道围岩偏应力逐渐增加,留巷段顶板偏应力峰值距巷道表面距离逐渐降低,底板和实体煤帮偏应力峰值距巷道表面距离逐渐增加。

工作面逐渐远离测面(沿空留巷段),充填留巷围岩偏应力峰值带分布形态逐渐由大半圆拱演化为扇形拱。不同采深条件下,大半圆拱和扇形拱扩张角度不同(即偏应力峰值带扩张角不同),为了得到不同采深条件下充填留巷围岩偏应力峰值带扩张角时空演化规律,需要对不同采深条件下充填留巷围岩偏应力峰值带扩张角进行统计。由于偏应力峰值带扩张角是偏应力峰值带两条切线的夹角,切线起点位置选择不同,得到的偏应力扩张角也不同,所以确定切线起点的位置是首要任务。

为确定切线起点位置,应考虑以下 2 点:① 切线起点应位于偏应力峰值带外部;② 考虑不同采深影响,偏应力峰值带距巷道表面距离不同,为了反映偏应力峰值带扩张角具有可比性,应同时满足切线起点位于偏应力峰值带外部和切线起点距巷道表面距离相等。鉴于此,确定切线起点位置为:距巷道表面距离为 $n$ 倍的巷道宽度(切线起点 $y$ 方向)、位于巷道水平中心线上(切线起点 $z$ 方向)及距开切眼 80 m(切线起点 $x$ 方向,即测面位置)。通过对比认为取 3 倍巷道宽度(即切线起点距巷道表面距离为 $3 \times 4.5$ m=13.5 m,巷道宽度为 4.5 m)能够较完整反映不同采深条件下偏应力峰值带扩张角时空演化规律。

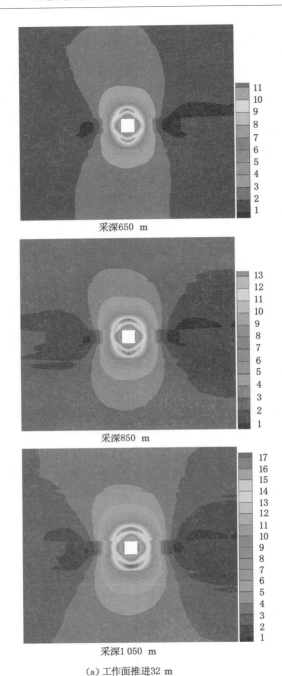

采深650 m

采深850 m

采深1 050 m

(a) 工作面推进32 m

图 4-3　随工作面推进不同采深偏应力分布云图(单位:MPa)

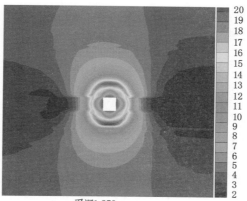

采深1 250 m

（a）工作面推进32 m

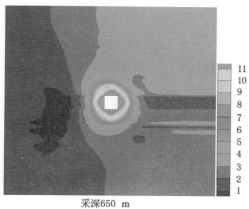

采深650 m

采深850 m

（b）工作面推进64 m

图 4-3（续）

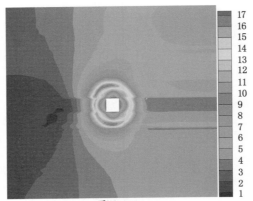

采深1 050 m

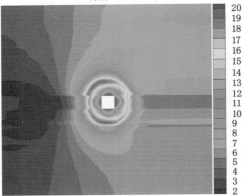

采深1 250 m

（b）工作面推进64 m

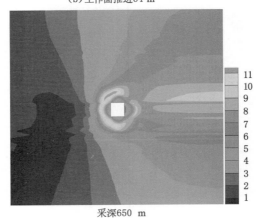

采深650 m

（c）工作面推进72 m

图 4-3（续）

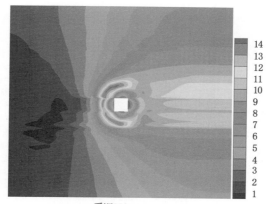

采深850 m

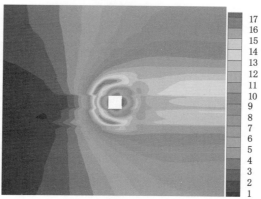

采深1 050 m

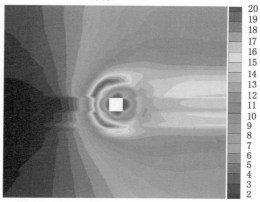

采深1 250 m

（c）工作面推进72 m

图 4-3（续）

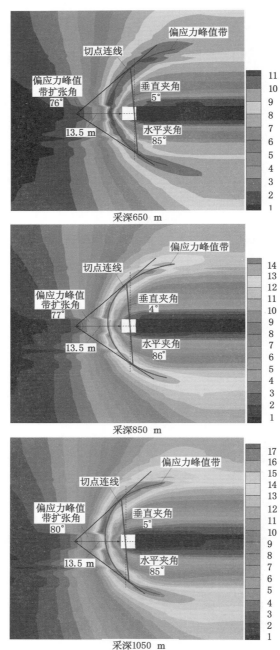

采深650 m

采深850 m

采深1050 m

（d）工作面推进88 m

图 4-3（续）

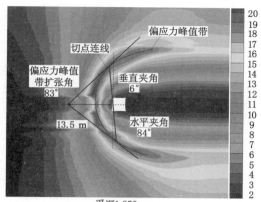

采深1 250 m
(d) 工作面推进88 m

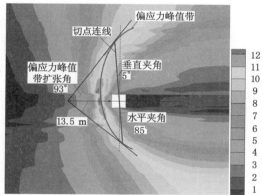

采深650 m

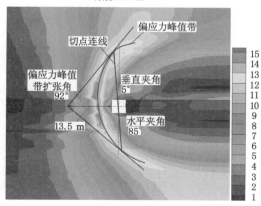

采深850 m
(e) 工作面推进112 m

图 4-3(续)

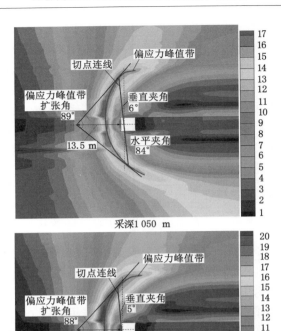

采深 1 050 m

采深 1 250 m

（e）工作面推进112 m

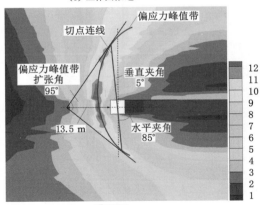

采深 650 m

（f）工作面推进160 m

图 4-3（续）

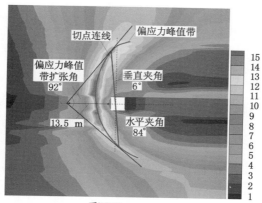

采深850 m

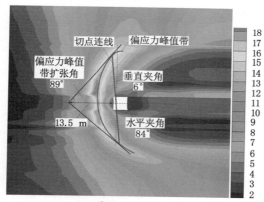

采深1 050 m

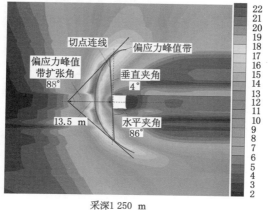

采深1 250 m

（f）工作面推进160 m

图 4-3（续）

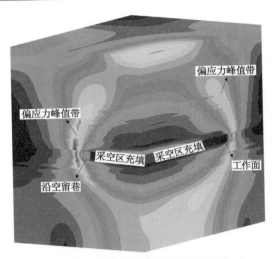

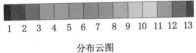

分布云图

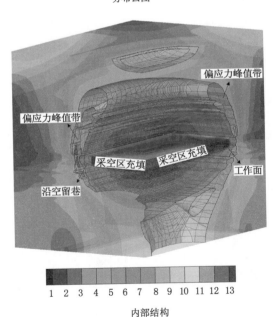

内部结构

(a)采深650 m

图 4-4　工作面推进 160 m 时不同采深偏应力三维分布云图(单位:MPa)

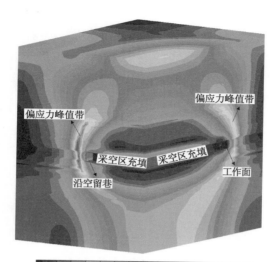

分布云图

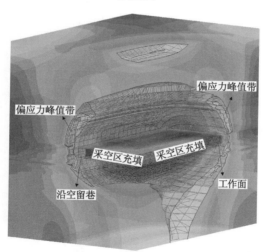

内部结构

(b) 采深850 m

图 4-4(续)

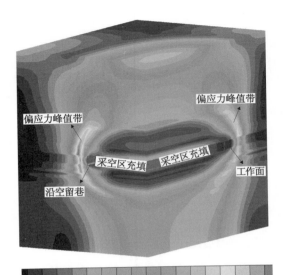

2 3 4 5 6 7 8 9 10 11 12 13 14 15 16 17 18

分布云图

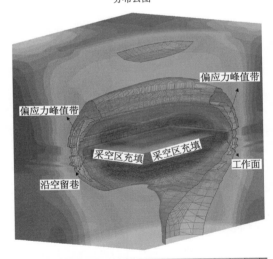

2 3 4 5 6 7 8 9 10 11 12 13 14 15 16 17 18

内部结构

(c) 采深1 050 m

图 4-4(续)

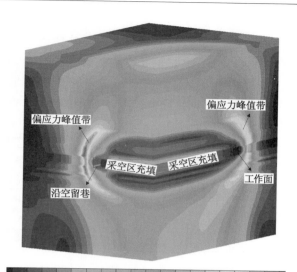

分布云图

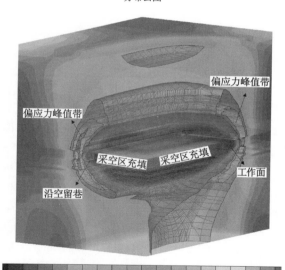

内部结构

（d）采深1 250 m

图 4-4（续）

在如图 4-3 所示的沿空留巷段[图 4-3(d)、(e)和(f)],偏应力峰值带用曲线表示,切点连线用直线表示。同时,为了得到偏应力峰值带偏转情况,对切点连线与垂直方向的垂直夹角和水平方向的水平夹角进行统计。由图 4-3(d)～图 4-3(f)得到,随工作面推进,不同采深的偏应力峰值带扩张角、切点连线与垂直方向夹角、切点连线与水平方向夹角变化规律,如表 4-5、表 4-6 所列。

表 4-5　相关角度演化规律(采深 650 m 和采深 850 m)

| 推进距离 /m | 采深 650 m | | | 采深 850 m | | |
|---|---|---|---|---|---|---|
| | 扩张角/(°) | 垂直夹角/(°) | 水平夹角/(°) | 扩张角/(°) | 垂直夹角/(°) | 水平夹角/(°) |
| 88 | 76 | 5 | 85 | 77 | 4 | 86 |
| 112 | 93 | 5 | 85 | 92 | 5 | 85 |
| 160 | 95 | 5 | 85 | 92 | 6 | 84 |

表 4-6　相关角度演化规律(采深 1050 m 和采深 1250 m)

| 推进距离 /m | 采深 1 050 m | | | 采深 1 250 m | | |
|---|---|---|---|---|---|---|
| | 扩张角/(°) | 垂直夹角/(°) | 水平夹角/(°) | 扩张角/(°) | 垂直夹角/(°) | 水平夹角/(°) |
| 88 | 80 | 5 | 85 | 83 | 6 | 84 |
| 112 | 89 | 6 | 84 | 88 | 5 | 85 |
| 160 | 89 | 6 | 84 | 88 | 4 | 86 |

由表 4-5 和表 4-6 可知,在同一采深因素条件下,随工作面推进,偏应力峰值带扩张角逐渐增加。采深 650 m 时充填留巷围岩偏应力峰值带扩张角由 76°(推进 88 m)逐渐增加至 95°(推进 160 m,工作面回采结束),扩张角增加了 19°;采深 850 m 时充填留巷围岩偏应力峰值带扩张角由 77°(推进 88 m)逐渐增加至 92°(推进 160 m),扩张角增加了 15°;采深 1 050 m 时充填留巷围岩偏应力峰值带扩张角由 80°(推进 88 m)逐渐增加至 89°(推进 160 m),扩张角增加了 9°;采深 1 250 m 时充填留巷围岩偏应力峰值带扩张角由 83°(推进 88 m)逐渐增加至 88°(推进 160 m),扩张角增加了 5°。这说明随工作面推进,偏应力峰值带逐渐向深部围岩转移,围岩破坏范围逐渐增加。在不同采深条件下,随采深增加,偏应力峰值带扩张角逐渐降低,推进 160 m 时,扩张角由 95°(采深 650 m)逐渐降低至 88°(采深 1 250 m),降低了 7°,说明采深越大偏应力峰值带扩张范围越小,充填留巷顶板锚索支护越易穿过偏应力峰值带,锚固在深部稳定岩层中。同时,切点连线垂直夹角保持在 5°左右,切点连线水平夹角保持在 85°左右,说明偏应力峰值带发生较小角度偏转,充填留巷顶底板围岩偏应力分布呈非对称分布。

### 4.2.3　不同采深充填留巷围岩塑性区分布特征对比

图 4-5 为工作面推进 32 m、64 m、72 m、88 m、112 m、160 m 时不同采深条件下巷道围岩塑性区分布图。

采深650 m

采深850 m

采深1 050 m

（a）工作面推进32 m

图 4-5　随工作面推进不同采深围岩塑性区分布图

采深1 250 m

（a）工作面推进32 m

采深650 m

采深850 m

（b）工作面推进64 m

图 4-5(续)

采深1 050 m

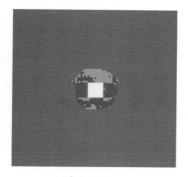

采深1 250 m

（b）工作面推进64 m

采深650 m

（c）工作面推进72 m

图 4-5（续）

采深850 m

采深1 050 m

采深1 250 m

（c）工作面推进72 m

图 4-5（续）

采深650 m

采深850 m

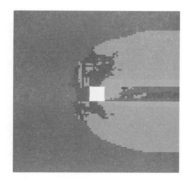

采深1 050 m

（d）工作面推进88 m

图 4-5（续）

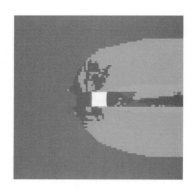

采深1 250 m

（d）工作面推进88 m

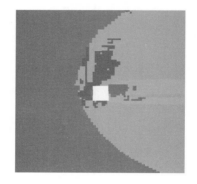

采深650 m

采深850 m

（e）工作面推进112 m

图 4-5（续）

采深1 050 m

采深1 250 m

（e）工作面推进112 m

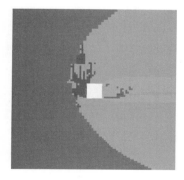

采深650 m

（f）工作面推进160 m

图 4-5（续）

采深850 m

采深1 050 m

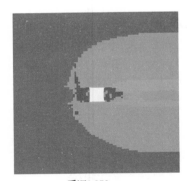

采深1 250 m

（f）工作面推进160 m

破坏区域                    未破坏区域

图 4-5（续）

（1）同一采深条件下，当工作面逐渐接近测面时，采深 650 m 和采深 850 m 巷道围岩塑性区分布演化形态为近似椭圆状→近似圆状，采深 1 050 m 和采深 1 250 m 巷道围岩塑性区分布演化形态为近似鼓状→近似圆状。

当工作面逐渐远离测面时（留巷段），4 个采深条件下巷道围岩塑性区分布演化形态均为近似半球状，顶底板塑性区范围大幅度增加，其范围均大于实体煤帮塑性区范围，且顶板塑性区呈非对称分布。

（2）不同采深条件下，随采深增加，当工作面逐渐接近测面时，巷道围岩塑性区破坏深度逐渐增加；当工作面逐渐远离测面时（留巷段），顶板塑性区破坏深度逐渐降低，底板和实体煤帮塑性区破坏深度逐渐增加。

## 4.2.4　不同采深充填留巷围岩偏应力峰值和塑性区演化规律总结

根据不同采深条件下充填留巷围岩偏应力和塑性区演化规律分析，得到不同采深条件下巷道围岩偏应力峰值和塑性区范围变化规律，表 4-7、表 4-8 和表 4-9 分别为采深 650 m、采深 1 050 m、采深 1 250 m 时巷道围岩偏应力峰值和塑性区范围变化对比，其中 R 表示巷道顶板；F 表示巷道底板；E 表示巷道实体煤帮。采深 850 m 时巷道围岩偏应力和塑性区比较已在 3.2.2 中作了分析，不再赘述。

表 4-7　采深 650 m 时巷道围岩偏应力峰值和塑性区范围变化对比

| 推进距离 /m | 监测位置 | 塑性区破坏深度 /m | 偏应力峰值位置 /m | 偏应力峰值 /MPa |
|---|---|---|---|---|
| 32 | R | 2.5 | 2.5 | 11.68 |
| | F | 2.5 | 2.5 | 11.82 |
| | E | 2.5 | 2.5 | 9.58 |
| 64 | R | 2.5 | 2.5 | 11.16 |
| | F | 2.5 | 2.5 | 11.69 |
| | E | 2.5 | 2.5 | 10.29 |
| 72 | R | 3.0 | 3.0 | 11.36 |
| | F | 3.0 | 3.0 | 10.92 |
| | E | 3.0 | 3.0 | 10.78 |
| 88 | R | 11.0 | 11.0 | 10.97 |
| | F | 6.0 | 5.5 | 10.83 |
| | E | 3.0 | 3.0 | 11.84 |

表 4-7（续）

| 推进距离<br>/m | 监测位置 | 塑性区破坏深度<br>/m | 偏应力峰值位置<br>/m | 偏应力峰值<br>/MPa |
|---|---|---|---|---|
| 112 | R | 15.0 | 16.0 | 10.55 |
| | F | 8.5 | 7.0 | 10.32 |
| | E | 3.4 | 3.5 | 13.16 |
| 160 | R | 15.0 | 16.0 | 10.39 |
| | F | 8.5 | 7.0 | 9.81 |
| | E | 3.4 | 3.5 | 13.32 |

表 4-8　采深 1 050 m 时巷道围岩偏应力峰值和塑性区范围变化对比

| 推进距离<br>/m | 监测位置 | 塑性区破坏深度<br>/m | 偏应力峰值位置<br>/m | 偏应力峰值<br>/MPa |
|---|---|---|---|---|
| 32 | R | 3.5 | 3.5 | 17.71 |
| | F | 3.5 | 3.5 | 18.44 |
| | E | 3.0 | 3.0 | 14.31 |
| 64 | R | 4.0 | 4.0 | 16.86 |
| | F | 3.5 | 3.5 | 17.40 |
| | E | 3.5 | 3.5 | 16.11 |
| 72 | R | 4.5 | 4.5 | 16.89 |
| | F | 4.5 | 4.5 | 16.83 |
| | E | 3.5 | 3.5 | 16.12 |
| 88 | R | 11.5 | 11.5 | 16.24 |
| | F | 9.5 | 9.5 | 15.96 |
| | E | 3.5 | 3.5 | 16.34 |
| 112 | R | 12.0 | 13.0 | 15.65 |
| | F | 10.5 | 10.5 | 15.31 |
| | E | 4.0 | 4.0 | 17.45 |
| 160 | R | 12.5 | 13.5 | 15.53 |
| | F | 10.5 | 10.5 | 14.32 |
| | E | 4.0 | 4.0 | 17.88 |

表 4-9　采深 1 250 m 时巷道围岩偏应力峰值和塑性区范围变化对比

| 推进距离<br>/m | 监测位置 | 塑性区破坏深度<br>/m | 偏应力峰值位置<br>/m | 偏应力峰值<br>/MPa |
|---|---|---|---|---|
| 32 | R | 4.0 | 4.0 | 20.57 |
| | F | 4.0 | 4.0 | 21.26 |
| | E | 3.5 | 3.5 | 17.32 |
| 64 | R | 4.0 | 4.5 | 19.49 |
| | F | 4.5 | 4.5 | 20.74 |
| | E | 3.5 | 3.5 | 17.57 |
| 72 | R | 5.5 | 5.5 | 18.87 |
| | F | 5.0 | 5.0 | 18.76 |
| | E | 4.0 | 4.0 | 18.35 |
| 88 | R | 11.5 | 11.5 | 18.93 |
| | F | 10.0 | 10.0 | 18.58 |
| | E | 4.0 | 4.0 | 18.76 |
| 112 | R | 12.0 | 12.5 | 18.08 |
| | F | 10.0 | 10.0 | 17.58 |
| | E | 4.0 | 4.0 | 19.42 |
| 160 | R | 12.0 | 13.0 | 18.74 |
| | F | 10.0 | 10.0 | 16.79 |
| | E | 4.5 | 4.5 | 20.08 |

由表 4-7、表 4-8、表 4-9 可知,任意推进步距条件下,顶板塑性区破坏深度小于或等于偏应力峰值位置,间距为 0~1 m;底板塑性区破坏深度大于或等于偏应力峰值位置,间距为 0~0.5 m;实体煤帮塑性区破坏深度小于或等于偏应力峰值位置,间距为 0~0.1 m。随工作面推进,顶底板偏应力峰值逐渐降低,峰值位置向深部大幅度转移;实体煤帮偏应力峰值逐渐增加,峰值位置也向深部转移。

据此可知,不同采深条件下充填留巷塑性区轮廓线均位于偏应力峰值带附近,偏应力峰值带位于弹塑性交界面区域,偏应力峰值带以里岩体处于稳定与不稳定的过渡状态,偏应力能控制留巷围岩的破坏,其对塑性区破坏有显著影响。

## 4.3 充填留巷围岩偏应力时空演化采高效应

### 4.3.1 不同采高充填留巷围岩偏应力分布曲线对比

随工作面推进,根据监测方案绘制出不同采高条件下充填留巷围岩偏应力分布曲线,与4.2.1不同采深条件下一样,选取工作面推进160 m时对采高因素的影响程度进行分析。下文术语(回采帮/充填体帮等)和字母(R、F、E 及 M/B)含义同4.2.1,则顶板偏应力分布曲线与横坐标间区域面积可表示为 $S_{R4.5}$。

图4-6 为工作面推进160 m时不同采高条件下测面 B(距开切眼80 m)充填工作面留巷围岩偏应力分布曲线。

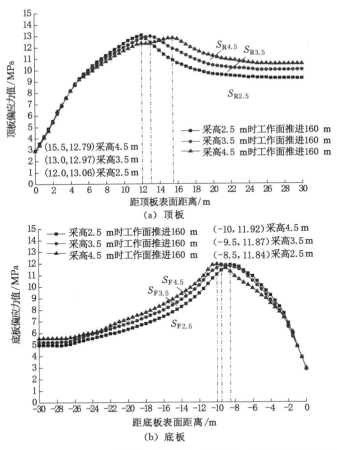

(a) 顶板

(b) 底板

图 4-6　工作面推进160 m时不同采高条件下测面 B 充填工作面围岩偏应力分布曲线

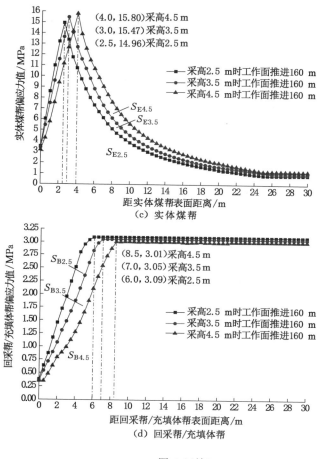

图 4-6(续)

（1）顶底板偏应力分布曲线

由图 4-6(a)、(b)可知，工作面推进 160 m 时，随采高增加充填留巷顶板偏应力峰值逐渐降低，底板偏应力峰值逐渐增加，顶底板偏应力峰值距顶底板表面距离逐渐增加，顶底板偏应力曲线与横坐标间区域面积逐渐增加，即 $S_{R2.5}<S_{R3.5}<S_{R4.5}$，$S_{F2.5}<S_{F3.5}<S_{F4.5}$。

（2）两帮偏应力分布曲线

由图 4-6(c)、(d)可知，工作面推进 160 m 时，随采高增加充填留巷实体煤帮偏应力峰值逐渐增加，而充填体帮偏应力峰值逐渐降低，两帮偏应力峰值距两帮表面距离逐渐增加，两帮偏应力曲线与横坐标间区域面积逐渐增加，即 $S_{E2.5}<S_{E3.5}<S_{E4.5}$，$S_{B2.5}<S_{B3.5}<S_{B4.5}$。

由以上分析可知,当工作面逐渐远离测面时,不同采高顶底板偏应力均呈类对数关系增加至峰值,峰值后呈类负指数关系逐渐降低并趋于稳定;实体煤帮偏应力在围岩浅部均呈类线性关系快速增加至峰值,峰值后向围岩深部呈类负指数关系逐渐降低并趋于稳定,整体呈现"线性"到"负指数"分布形态;充填体帮偏应力整体呈类对数关系增加并趋于稳定。

### 4.3.2　不同采高充填留巷围岩偏应力分布云图对比

图 4-7 为工作面推进 32 m、64 m、72 m、88 m、112 m 和 160 m 时不同采高条件下巷道围岩偏应力分布云图,图 4-8 为工作面推进 160 m 时不同采高条件下偏应力三维分布云图。采高 4.5 m 时(即采深 850 m)巷道围岩偏应力分布云图和三维分布云图已在 4.2.2 中作了分析,故不再赘述。

由图 4-7 和图 4-8 可知,随工作面推进,采高 2.5 m 和采高 3.5 m 巷道围岩偏应力分布演化形态为近似瘦高椭圆状→近似圆状→小半圆拱→大半圆拱→扇形拱,偏应力峰值向顶底帮角和实体煤帮转移,与采高 4.5 m 时巷道围岩偏应力分布一致。

工作面逐渐远离测面(沿空留巷段),充填留巷围岩偏应力峰值带分布形态逐渐由大半圆拱演化为扇形拱。不同采高条件下,大半圆拱和扇形拱扩张角度不同(即偏应力峰值带扩张角不同),为了得到不同采高条件下充填留巷围岩偏应力峰值带扩张角演化规律,采取与 4.2.2 中统计采深因素影响时充填留巷围岩偏应力峰值带扩张角相同的方法。

在如图 4-7 所示的留巷段[图 4-7(d)、(e)和(f)],偏应力峰值带用曲线表示,切点连线用直线表示。同时,为了得到充填留巷围岩偏应力峰值带偏转情况,对切点连线与垂直方向的垂直夹角和水平方向的水平夹角进行统计。由图 4-7(d)、(e)和(f)得到,随工作面推进,不同采高条件下,偏应力峰值带扩张角、切点连线与垂直方向夹角、切点连线与水平方向夹角变化规律,如表 4-10 所列。

由表 4-10 和表 4-5(采深 850 m,即采高 4.5 m 相关数据)可知,在同一采高因素条件下,随工作面推进,偏应力峰值带扩张角逐渐增加。采高 2.5 m 时充填留巷围岩偏应力峰值带扩张角由 72°(推进 88 m)逐渐增加至 82°(推进 160 m,工作面回采结束),扩张角增加了 10°;采高 3.5 m 时充填留巷围岩偏应力峰值带扩张角由 76°(推进 88 m)逐渐增加至 90°(推进 160 m),扩张角增加了 14°;采高 4.5 m 时充填留巷围岩偏应力峰值带扩张角由 77°(推进 88 m)逐渐增加至 92°(推进 160 m),扩张角增加了 15°。这说明随工作面推进,偏应力峰值带逐渐向深部围岩转移,围岩破坏范围逐渐增加。在不同采高条件下,随采高增加,偏

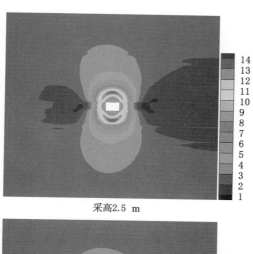

采高2.5 m

采高3.5 m

（a）工作面推进32 m

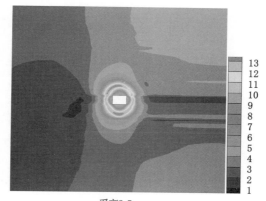

采高2.5 m

（b）工作面推进64 m

图 4-7　随工作面推进不同采高偏应力分布云图（单位：MPa）

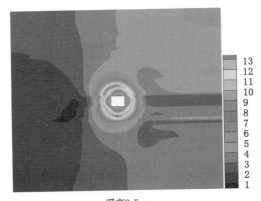

采高3.5 m

（b）工作面推进64 m

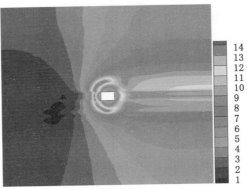

采高2.5 m

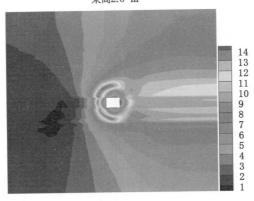

采高3.5 m

（c）工作面推进72 m

图 4-7（续）

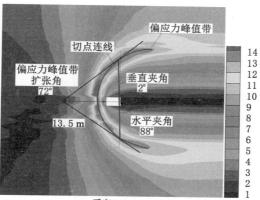

采高2.5 m

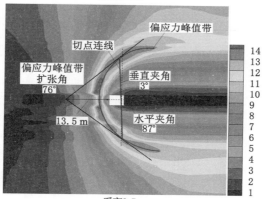

采高3.5 m

（d）工作面推进88 m

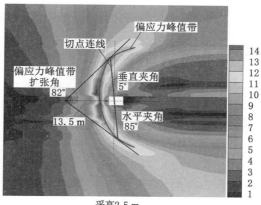

采高2.5 m

（e）工作面推进112 m

图 4-7（续）

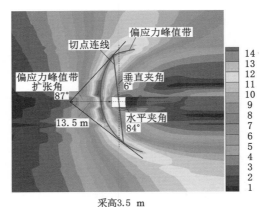

采高3.5 m

（e）工作面推进112 m

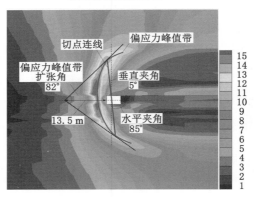

采高2.5 m

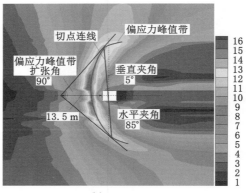

采高3.5 m

（f）工作面推进160 m

图 4-7（续）

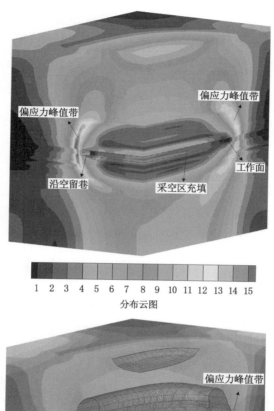

分布云图

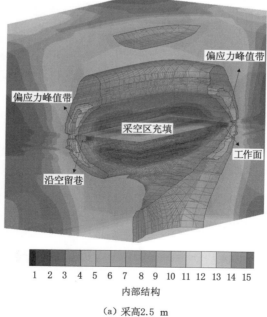

内部结构

（a）采高2.5 m

图 4-8 工作面推进 160 m 时不同采高偏应力三维分布云图（单位：MPa）

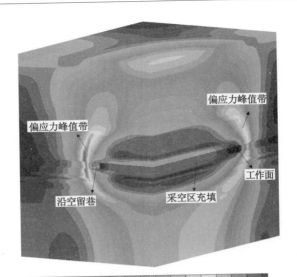

分布云图

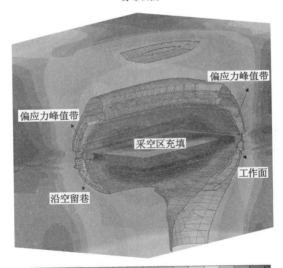

内部结构

(b) 采高3.5 m

图 4-8(续)

表 4-10　相关角度演化规律(采高 2.5 m 和采高 3.5 m)

| 推进距离 /m | 采高 2.5 m | | | 采高 3.5 m | | |
|---|---|---|---|---|---|---|
| | 扩张角/(°) | 垂直夹角/(°) | 水平夹角/(°) | 扩张角/(°) | 垂直夹角/(°) | 水平夹角/(°) |
| 88 | 72 | 2 | 88 | 76 | 3 | 87 |
| 96 | 79 | 4 | 86 | 83 | 5 | 85 |
| 112 | 82 | 5 | 85 | 87 | 6 | 84 |
| 144 | 82 | 5 | 85 | 90 | 5 | 85 |
| 160 | 82 | 5 | 85 | 90 | 5 | 85 |

应力峰值带扩张角逐渐增加,推进 160 m 时,扩张角由 82°(采高 2.5 m)逐渐增加至 92°(采高 4.5 m),增加了 10°,说明采高越小偏应力峰值带扩张范围越小,围岩破坏范围越小,充填留巷顶板锚索支护越易穿过偏应力峰值带,锚固在深部稳定岩层中。同时,切点连线垂直夹角保持在 5°左右,切点连线水平夹角保持在 85°左右,说明偏应力峰值带发生较小角度偏转,充填留巷顶底板围岩偏应力分布呈非对称分布。

### 4.3.3　不同采高充填留巷围岩塑性区分布特征对比

图 4-9 为工作面推进 32 m、64 m、72 m、88 m、112 m 和 160 m 时不同采高条件下巷道围岩塑性区分布图。采高 4.5 m 时巷道围岩塑性区变化规律已在 3.2.2 作了分析,不再赘述。

(1)同一采高条件下,当工作面逐渐接近测面时,采高 2.5 m 和采高 3.5 m 巷道围岩塑性区分布演化形态为近似椭圆状→近似圆状;当工作面逐渐远离测面时(留巷段),采高 2.5 m 和采高 3.5 m 巷道围岩塑性区分布演化形态均为近似半球状,顶底板塑性范围大幅度增加,其范围均大于实体煤帮塑性区范围,且顶板塑性区呈非对称分布,与采高 4.5 m 时巷道围岩塑性区分布演化形态相似。

(2)不同采高条件下,随采高增加,当工作面逐渐接近测面时,巷道围岩塑性区破坏深度大体一致;当工作面逐渐远离测面时(留巷段),顶底板和实体煤帮塑性区破坏深度逐渐增加。

### 4.3.4　不同采高充填留巷围岩偏应力峰值和塑性区演化规律总结

根据不同采高条件下充填留巷围岩偏应力和塑性区演化规律分析,得到不同采高条件下巷道围岩偏应力峰值和塑性区范围变化规律,表 4-11、表 4-12 分别为采高 2.5 m、采高 3.5 m 时巷道围岩偏应力峰值和塑性区范围变化对比。

采高 2.5 m

采高 3.5 m

（a）工作面推进32 m

采高 2.5 m

（b）工作面推进64 m

图 4-9　随工作面推进不同采高塑性区分布图

采高 3.5 m

（b）工作面推进64 m

采高 2.5 m

采高 3.5 m

（c）工作面推进72 m

图 4-9（续）

采高2.5 m

采高3.5 m

(d) 工作面推进88 m

采高2.5 m

(e) 工作面推进112 m

图 4-9(续)

采高3.5 m

（e）工作面推进112 m

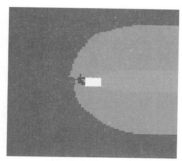

采高2.5 m

采高3.5 m

（f）工作面推进160 m

破坏区域　　　　　　　　　未破坏区域

图 4-9（续）

采高 4.5 m 时巷道围岩偏应力和塑性区比较已在 3.2.2 作了分析,不再赘述。

表 4-11 采高 2.5 m 时巷道围岩偏应力峰值和塑性区范围变化对比

| 推进距离 /m | 监测位置 | 塑性区破坏深度 /m | 偏应力峰值位置 /m | 偏应力峰值 /MPa |
|---|---|---|---|---|
| 32 | R | 3.0 | 3.0 | 14.72 |
| | F | 3.0 | 3.0 | 14.26 |
| | E | 2.0 | 1.5 | 11.70 |
| 64 | R | 3.0 | 3.0 | 14.31 |
| | F | 3.0 | 3.0 | 13.71 |
| | E | 2.0 | 2.0 | 12.85 |
| 72 | R | 3.5 | 3.5 | 13.89 |
| | F | 3.5 | 3.5 | 13.56 |
| | E | 2.5 | 2.5 | 13.52 |
| 88 | R | 10.5 | 10.5 | 13.76 |
| | F | 7.5 | 7.0 | 13.35 |
| | E | 2.5 | 2.5 | 13.83 |
| 112 | R | 12.5 | 12.0 | 13.13 |
| | F | 8.5 | 8.5 | 12.58 |
| | E | 2.5 | 2.5 | 14.45 |
| 160 | R | 12.5 | 12.0 | 13.06 |
| | F | 8.5 | 8.5 | 11.84 |
| | E | 2.5 | 2.5 | 14.96 |

表 4-12 采高 3.5 m 时巷道围岩偏应力峰值和塑性区范围变化对比

| 推进距离 /m | 监测位置 | 塑性区破坏深度 /m | 偏应力峰值位置 /m | 偏应力峰值 /MPa |
|---|---|---|---|---|
| 32 | R | 3.0 | 3.0 | 14.70 |
| | F | 3.0 | 3.0 | 13.95 |
| | E | 2.0 | 2.0 | 11.92 |
| 64 | R | 3.0 | 3.0 | 14.27 |
| | F | 3.0 | 3.0 | 13.81 |
| | E | 2.5 | 2.5 | 12.98 |

表 4-12(续)

| 推进距离<br>/m | 监测位置 | 塑性区破坏深度<br>/m | 偏应力峰值位置<br>/m | 偏应力峰值<br>/MPa |
|---|---|---|---|---|
| 72 | R | 3.5 | 3.5 | 13.86 |
| | F | 3.5 | 3.5 | 13.64 |
| | E | 2.5 | 2.5 | 13.71 |
| 88 | R | 11.0 | 11.0 | 13.71 |
| | F | 7.5 | 7.0 | 13.24 |
| | E | 2.5 | 2.5 | 13.25 |
| 112 | R | 13.0 | 13.0 | 12.98 |
| | F | 9.5 | 9.5 | 12.57 |
| | E | 3.0 | 3.0 | 14.78 |
| 160 | R | 13.0 | 13.0 | 12.97 |
| | F | 9.5 | 9.5 | 11.87 |
| | E | 3.0 | 3.0 | 15.47 |

由表 4-11、表 4-12 可知,任意推进步距条件下,顶板塑性区破坏深度大于或等于偏应力峰值位置,间距为 0～0.5 m;底板塑性区破坏深度大于或等于偏应力峰值位置,间距为 0～1 m;实体煤帮塑性区破坏深度大于或等于偏应力峰值位置,间距为 0～0.5 m。随工作面推进,顶底板偏应力峰值逐渐降低,峰值位置向深部大幅度转移;实体煤帮偏应力峰值逐渐增加,峰值位置也向深部转移。

据此可知,不同采高条件下充填留巷围岩塑性区轮廓线位于偏应力峰值带附近,偏应力峰值带位于弹塑性交界面区域,偏应力峰值带以里岩体处于稳定与不稳定过渡状态。同时,偏应力峰值带扩张角与塑性区范围呈非线性正比关系,可见偏应力分布对塑性区破坏有重要影响。

## 4.4　充填留巷围岩偏应力时空演化侧压系数效应

### 4.4.1　不同侧压系数充填留巷围岩偏应力分布曲线对比

随工作面推进,根据监测方案绘制出不同侧压系数条件下充填留巷围岩偏应力分布曲线,选取工作面推进 160 m 时对侧压系数因素的影响程度进行分析。下文术语(回采帮/充填体帮等)和字母(R、F、E 及 M/B)含义同 4.2.1,则顶板偏应力分布曲线与横坐标间区域面积可表示为 $S_{R1.4}$。

图 4-10 为工作面推进 160 m 时不同侧压系数条件下测面 B(距开切眼 80 m)充填工作面留巷围岩偏应力分布曲线。

（1）顶底板偏应力分布曲线

由图 4-10(a)、(b)可知,工作面推进 160 m 时,随侧压系数增加充填留巷顶底板偏应力峰值逐渐增加,顶板偏应力峰值位置呈降低趋势,底板偏应力峰值位置呈增加趋势,顶底板偏应力曲线与横坐标间区域面积逐渐增加,即 $S_{R1.0}<S_{R1.2}<S_{R1.4}$, $S_{F1.0}<S_{F1.2}<S_{F1.4}$。

（2）两帮偏应力分布曲线

由图 4-10(c)、(d)可知,工作面推进 160 m 时,随侧压系数增加充填留巷两帮偏应力峰值逐渐增加。在统计范围内,随侧压系数增加两帮偏应力峰值距两

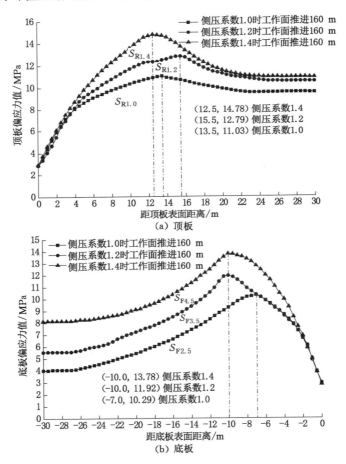

图 4-10　工作面推进 160 m 时不同侧压系数条件下测面 B 充填工作面围岩偏应力分布曲线

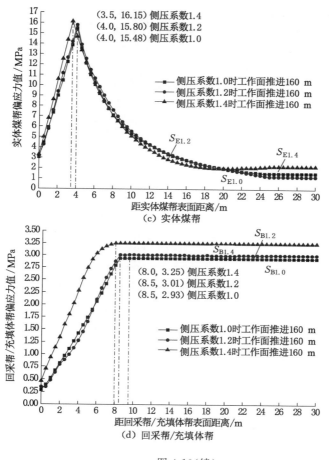

图 4-10（续）

帮表面距离有小幅度降低，两帮偏应力曲线与横坐标间区域面积逐渐增加，即 $S_{E1.0} < S_{E1.2} < S_{E1.4}$，$S_{B1.0} < S_{B1.2} < S_{B1.4}$。

工作面推进 160 m 时，巷道围岩偏应力分布曲线形态与不同采深和不同采高条件下相同，即顶底板偏应力整体呈现"对数"到"负指数"的分布形态并趋于稳定，实体煤帮偏应力整体呈现"线性"到"负指数"的分布形态并趋于稳定，充填体帮偏应力整体呈类对数分布形态并趋于稳定。

## 4.4.2　不同侧压系数充填留巷围岩偏应力分布云图对比

图 4-11 为工作面推进 32 m、64 m、72 m、88 m、96 m 和 160 m 时不同侧压系数条件下巷道围岩偏应力分布云图，图 4-12 为工作面推进 160 m 时不同侧压

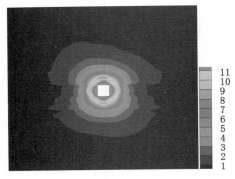

侧压系数 1.0

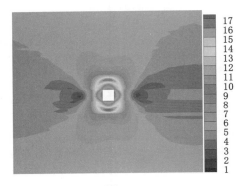

侧压系数 1.4

（a）工作面推进 32 m

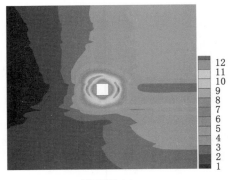

侧压系数 1.0

（b）工作面推进 64 m

图 4-11　随工作面推进不同侧压系数偏应力分布云图（单位：MPa）

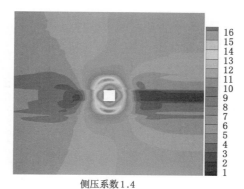

侧压系数1.4

（b）工作面推进64 m

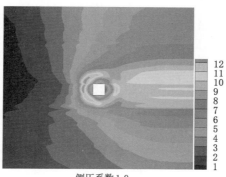

侧压系数1.0

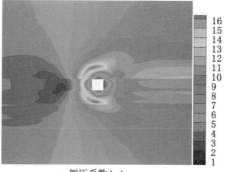

侧压系数1.4

（c）工作面推进72 m

图 4-11（续）

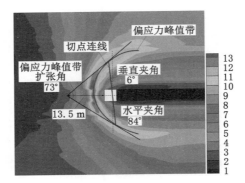

侧压系数1.0

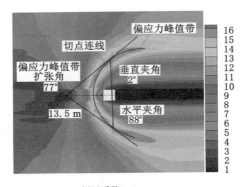

侧压系数1.4

（d）工作面推进88 m

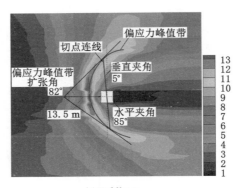

侧压系数1.0

（e）工作面推进96 m

图4-11（续）

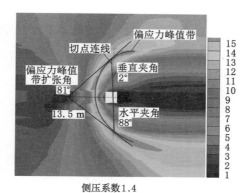

侧压系数1.4

（e）工作面推进96 m

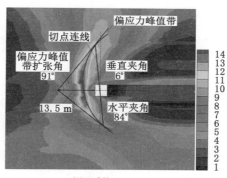

侧压系数1.0

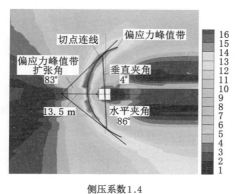

侧压系数1.4

（f）工作面推进160 m

图 4-11（续）

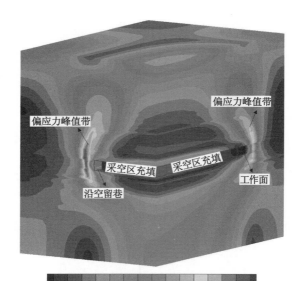

分布云图

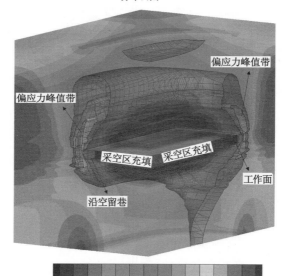

内部结构

（a）侧压系数1.0

图 4-12　工作面推进 160 m 时不同侧压系数偏应力三维分布云图（单位：MPa）

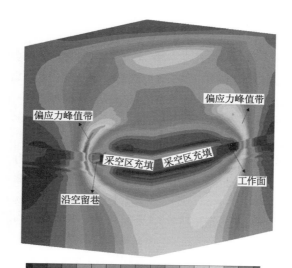

分布云图

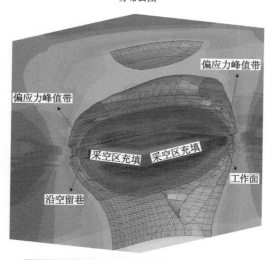

内部结构

（b）侧压系数1.4

图 4-12（续）

系数条件下偏应力三维分布云图。侧压系数为 1.2 时(即采深 850 m)巷道围岩偏应力分布云图已在 4.2.2 作了分析,不再赘述。

由图 4-11 和图 4-12 可知,随工作面推进,侧压系数 1.0 时巷道围岩偏应力分布演化形态为近似扁平椭圆状→小半圆拱→大半圆拱→扇形拱,侧压系数 1.4 时巷道围岩偏应力分布演化形态为近似瘦高椭圆状→小半圆拱→大半圆拱→扇形拱,同时偏应力峰值向顶底帮角和实体煤帮转移,与侧压系数 1.2 时巷道围岩偏应力分布一致。

工作面逐渐远离测面(沿空留巷段),充填留巷围岩偏应力峰值带分布形态逐渐由大半圆拱演化为扇形拱。不同侧压系数条件下,大半圆拱和扇形拱扩张角度不同(偏应力峰值带扩张角不同,即偏应力峰值带两条切线的夹角不同),为了得到不同侧压系数条件下充填留巷围岩偏应力峰值带扩张角演化规律,采取与 4.2.2 节中统计采深因素影响时充填留巷围岩偏应力峰值带扩张角的方法相同。

在图 4-11 所示的留巷段[图 4-11(d)、(e)和(f)],偏应力峰值带用曲线表示,切点连线用直线表示。同时,为了得到随工作面推进偏应力峰值带偏转情况,对切点连线与垂直方向的垂直夹角和水平方向的水平夹角进行统计。由图 4-11(d)、(e)和(f)得到,随工作面推进,不同侧压系数条件下,偏应力峰值带扩张角、切点连线与垂直方向夹角、切点连线与水平方向夹角变化规律,如表 4-13 所列。

表 4-13　相关角度演化规律(侧压系数 1.0 和侧压系数 1.4)

| 推进距离 /m | 侧压系数 1.0 | | | 侧压系数 1.4 | | |
|---|---|---|---|---|---|---|
| | 扩张角/(°) | 垂直夹角/(°) | 水平夹角/(°) | 扩张角/(°) | 垂直夹角/(°) | 水平夹角/(°) |
| 88 | 73 | 6 | 84 | 77 | 2 | 88 |
| 96 | 82 | 5 | 85 | 81 | 2 | 88 |
| 160 | 91 | 6 | 84 | 83 | 4 | 86 |

由表 4-13 和表 4-5(采深 850 m,即侧压系数 1.2 相关数据)可知,在同一侧压系数因素条件下,随工作面推进,偏应力峰值带扩张角逐渐增加。侧压系数 1.0 时充填留巷围岩偏应力峰值带扩张角由 73°(推进 88 m)逐渐增加至 91°(推进 160 m,工作面回采结束),扩张角增加了 18°;侧压系数 1.2 时充填留巷围岩偏应力峰值带扩张角由 77°(推进 88 m)逐渐增加至 92°(推进 160 m),扩张角增加了 15°;侧压系数 1.4 时充填留巷围岩偏应力峰值带扩张角由 77°(推进 88 m)

逐渐增加至 83°(推进 160 m),扩张角增加了 14°。这说明随工作面推进,偏应力峰值带逐渐向深部围岩转移,围岩破坏范围逐渐增加。在不同侧压系数条件下,随侧压系数增加,偏应力峰值带扩张角逐渐降低,推进 160 m 时,扩张角由 91°(侧压系数 1.0)逐渐降低至 83°(侧压系数 1.4),降低了 8°,说明在统计范围中,侧压系数越大偏应力峰值带扩张范围越小,围岩破坏范围越小,充填留巷顶板锚索支护越易穿过偏应力峰值带,锚固在深部稳定岩层中。同时,侧压系数 1.0 时的切点连线垂直夹角为 5°～6°,切点连线水平夹角为 84°～85°,侧压系数 1.4 时的切点连线垂直夹角为 2°～4°,切点连线水平夹角在 86°～88°,说明偏应力峰值带均发生较小角度偏转,充填留巷顶底板围岩偏应力分布呈非对称分布。

### 4.4.3  不同侧压系数充填留巷围岩塑性区分布特征对比

图 4-13 为工作面推进 32 m、64 m、72 m、88 m、96 m、160 m 时不同侧压系数条件下巷道围岩塑性区分布图。侧压系数 1.2 时巷道围岩塑性区变化规律已在 3.2.2 作了分析,不再赘述。

(1)同一侧压系数条件下,当工作面逐渐接近测面时,侧压系数 1.0 时巷道围岩塑性区分布演化形态为近似扁平椭圆状→近似圆状,侧压系数 1.4 时巷道围岩塑性区分布演化形态为近似椭圆状→近似圆状;当工作面逐渐远离测面时(留巷段),侧压系数 1.0 和侧压系数 1.4 时巷道围岩塑性区分布演化形态均为近似半球状,顶底板塑性区范围大幅度增加,其范围均大于实体煤帮塑性区范围,且顶板塑性区呈非对称分布。

(2)不同侧压系数条件下,随侧压系数增加,当工作面逐渐接近测面时,巷道围岩塑性区破坏深度逐渐增加;当工作面逐渐远离测面时(留巷段),顶底板塑性区破坏深度小幅度增加,而在统计范围内,实体煤帮塑性区破坏深度有小幅度降低。

### 4.4.4  不同侧压系数充填留巷围岩偏应力峰值和塑性区演化规律总结

根据不同侧压系数条件下充填留巷围岩偏应力和塑性区演化规律分析,得到不同侧压系数条件下巷道围岩偏应力峰值和塑性区范围变化规律,表 4-14、表 4-15 分别为侧压系数 1.0、侧压系数 1.4 时巷道围岩偏应力峰值和塑性区范围变化对比。侧压系数 1.2 时巷道围岩偏应力和塑性区比较已在 3.2.2 作了分析,不再赘述。

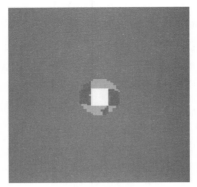

侧压系数1.0

侧压系数1.4

（a）工作面推进32 m

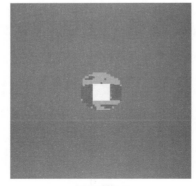

侧压系数1.0

（b）工作面推进64 m

图 4-13　随工作面推进不同侧压系数塑性区分布图

侧压系数1.4

（b）工作面推进64 m

侧压系数1.0

侧压系数1.4

（c）工作面推进72 m

图 4-13（续）

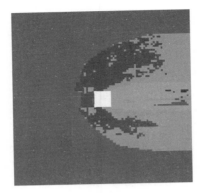

侧压系数1.0

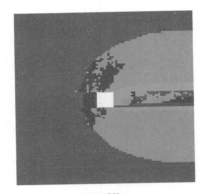

侧压系数1.4

（d）工作面推进88 m

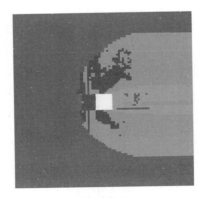

侧压系数1.0

（e）工作面推进96 m

图 4-13(续)

侧压系数1.4

（e）工作面推进96 m

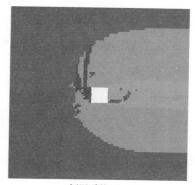

侧压系数1.0

侧压系数1.4

（d）工作面推进160 m

破坏区域　　　　　　　　　　　　　未破坏区域

图 4-13(续)

表 4-14　侧压系数 1.0 时巷道围岩偏应力峰值和塑性区范围变化对比

| 推进距离 /m | 监测位置 | 塑性区破坏深度 /m | 偏应力峰值位置 /m | 偏应力峰值 /MPa |
|---|---|---|---|---|
| 32 | R | 2.5 | 2.5 | 11.90 |
|  | F | 2.5 | 2.5 | 11.99 |
|  | E | 3.0 | 3.0 | 11.81 |
| 64 | R | 3.0 | 3.0 | 11.37 |
|  | F | 2.5 | 2.5 | 11.86 |
|  | E | 3.0 | 3.0 | 12.69 |
| 72 | R | 3.5 | 3.5 | 11.28 |
|  | F | 3.0 | 3.0 | 10.06 |
|  | E | 3.5 | 3.5 | 12.56 |
| 88 | R | 10.5 | 10.5 | 11.56 |
|  | F | 7.5 | 7.0 | 11.43 |
|  | E | 3.5 | 3.5 | 13.45 |
| 96 | R | 11.0 | 13.0 | 11.54 |
|  | F | 9.0 | 7.0 | 11.34 |
|  | E | 3.5 | 3.5 | 13.97 |
| 160 | R | 12.5 | 13.5 | 11.03 |
|  | F | 9.0 | 7.0 | 10.29 |
|  | E | 4.0 | 4.0 | 15.48 |

表 4-15　侧压系数 1.4 时巷道围岩偏应力峰值和塑性区范围变化对比

| 推进距离 /m | 监测位置 | 塑性区破坏深度 /m | 偏应力峰值位置 /m | 偏应力峰值 /MPa |
|---|---|---|---|---|
| 32 | R | 3.5 | 3.5 | 17.79 |
|  | F | 3.5 | 3.5 | 18.34 |
|  | E | 2.5 | 2.5 | 12.61 |
| 64 | R | 3.5 | 3.5 | 16.80 |
|  | F | 3.5 | 3.5 | 17.54 |
|  | E | 3.0 | 3.0 | 13.84 |
| 72 | R | 4.0 | 4.0 | 16.48 |
|  | F | 4.0 | 4.0 | 16.49 |
|  | E | 3.5 | 3.5 | 13.96 |

表 4-15(续)

| 推进距离 /m | 监测位置 | 塑性区破坏深度 /m | 偏应力峰值位置 /m | 偏应力峰值 /MPa |
|---|---|---|---|---|
| 88 | R | 10.0 | 10.0 | 15.67 |
| | F | 9.0 | 9.0 | 15.76 |
| | E | 3.5 | 3.5 | 14.83 |
| 96 | R | 11.0 | 11.5 | 15.48 |
| | F | 10.0 | 10.0 | 15.11 |
| | E | 3.5 | 3.5 | 15.35 |
| 160 | R | 12.0 | 12.5 | 14.78 |
| | F | 10.0 | 10.0 | 13.78 |
| | E | 3.5 | 3.5 | 16.15 |

由表 4-14、表 4-15 可知,任意推进步距条件下,顶板塑性区破坏深度大于或等于偏应力峰值位置,间距为 0～2 m;底板塑性区破坏深度大于或等于偏应力峰值位置,间距为 0～2 m;实体煤帮塑性区破坏深度与偏应力峰值位置基本一致。随工作面推进,顶底板偏应力峰值逐渐降低,峰值位置向深部大幅度转移;实体煤帮偏应力峰值逐渐增加,峰值位置也向深部转移。

据此可知,不同侧压系数条件下充填留巷围岩塑性区轮廓线位于偏应力峰值带附近,偏应力峰值带位于弹塑性交界面区域。同时,偏应力峰值带扩张角与塑性区范围呈非线性正比关系,与不同采深、不同采高条件下充填留巷围岩偏应力和塑性区时空关系一致。

## 4.5 充填留巷围岩偏应力时空演化充填高度效应

### 4.5.1 不同充填高度充填留巷围岩偏应力分布曲线对比

随工作面推进,根据监测方案绘制出不同充填高度条件下充填留巷围岩偏应力分布曲线,为了分析比较留巷段不同充填高度对围岩偏应力分布影响,选取工作面回采结束时(即推进 160 m)对充填高度因素的影响程度进行分析。下文术语(回采帮/充填体帮等)和字母(R、F、E 及 M/B)含义同 4.2.1,则底板偏应力分布曲线与横坐标间区域面积可表示为 $S_{F4.5}$。

图 4-14 为工作面推进 160 m 时不同充填高度条件下测面 B(距开切眼 80 m)充填工作面留巷围岩偏应力分布曲线。

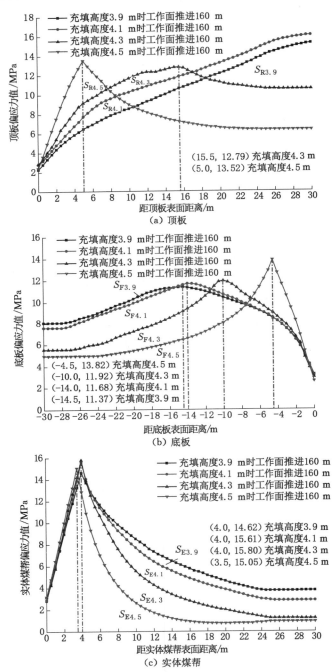

图 4-14 工作面推进 160 m 时不同充填高度条件下测面 B 充填工作面围岩偏应力分布曲线

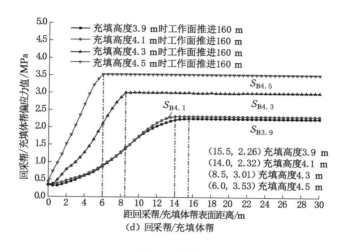

图 4-14（续）

（1）顶板偏应力分布曲线

由图 4-14(a)可知,工作面推进 160 m 时,随充填高度增加充填留巷顶板偏应力分布产生较大变化。从测线起点（顶板表面）到测线终点（距顶板表面 30 m）,充填高度 3.9 m 和充填高度 4.1 m 时留巷顶板偏应力逐渐增加,即在监测范围内没有监测到顶板偏应力峰值,表明顶板偏应力峰值仍处于较高的岩层层位上,说明随充填高度降低,顶板偏应力峰值位置逐渐增加,即充填高度越小,顶板岩层运动越剧烈,顶板偏应力峰值向深部稳定岩层转移幅度越大。结合图 4-14(a)可知,随充填高度增加,充填留巷顶板偏应力峰值和峰值位置均逐渐降低,顶底板偏应力曲线与横坐标间区域面积逐渐降低,即 $S_{R3.9} > S_{R4.1} > S_{R4.3} > S_{R4.5}$。

（2）底板偏应力分布曲线

由图 4-14(b)可知,工作面推进 160 m 时,随充填高度增加充填留巷底板偏应力峰值逐渐增加,底板偏应力峰值距底板表面距离逐渐降低,底板偏应力曲线与横坐标间区域面积逐渐降低,即 $S_{F3.9} > S_{F4.1} > S_{F4.3} > S_{F4.5}$。

（3）实体煤帮偏应力分布曲线

由图 4-14(c)可知,工作面推进 160 m 时,随充填高度增加充填留巷实体煤帮偏应力峰值呈现增加趋势,实体煤帮偏应力峰值距实体煤帮表面距离逐渐降低,实体煤帮偏应力曲线与横坐标间区域面积逐渐降低,即 $S_{E3.9} > S_{E4.1} > S_{E4.3} > S_{E4.5}$。

（4）充填体帮偏应力分布曲线

由图 4-14（d）可知，工作面推进 160 m 时，随充填高度增加充填留巷充填体帮偏应力峰值逐渐降低，充填体帮偏应力峰值距充填体帮表面距离逐渐降低，充填体帮偏应力曲线与横坐标间区域面积逐渐增加，即 $S_{B3.9} < S_{B4.1} < S_{B4.3} < S_{B4.5}$。

工作面推进 160 m 时，不同充填高度条件下两帮偏应力分布曲线形态与其他影响因素相同，即实体煤帮偏应力整体呈现"线性"到"负指数"的分布形态并趋于稳定，充填体帮偏应力整体呈类对数分布形态并趋于稳定。顶底板偏应力分布曲线形态分析如下：充填高度 4.5 m 时，顶底板偏应力整体呈现"线性"到"负指数"的分布形态并趋于稳定；充填高度 4.3 m 时，顶底板偏应力整体呈现"对数"到"负指数"的分布形态并趋于稳定；充填高度 3.9 m 和充填高度4.1 m 时，顶板偏应力整体呈现类对数的逐渐增加分布形态，底板偏应力整体呈现"对数"到"负指数"的分布形态并趋于稳定。

### 4.5.2 不同充填高度充填留巷围岩偏应力分布云图对比

图 4-15 为工作面推进 160 m 时不同充填高度条件下巷道围岩偏应力分布云图。充填高度 4.3 m 时（即采深 850 m）巷道围岩偏应力分布云图已在 4.2.2 作了分析，不再赘述。

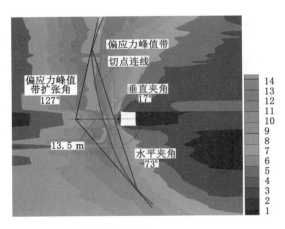

(a) 充填高度3.9 m

图 4-15　不同充填高度偏应力分布图（单位：MPa）

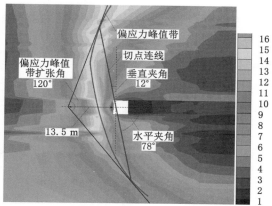

（b）充填高度4.1 m

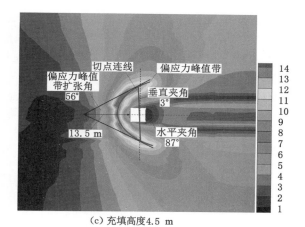

（c）充填高度4.5 m

图 4-15（续）

由图 4-15 可知,工作面推进 160 m 时,充填留巷围岩偏应力峰值带分布形态差异较大。随充填高度增加,偏应力峰值带由深部大范围扩张状态逐渐变成浅部小范围扩张状态,即偏应力峰值带扩张角不同(偏应力峰值带两条切线的夹角不同)。为了得到不同充填高度条件下充填留巷围岩偏应力峰值带扩张角,采取与4.2.2 中统计采深因素影响时充填留巷围岩偏应力峰值带扩张角相同的方法。

如图 4-15 所示,偏应力峰值带用曲线表示,切点连线用直线表示。同时,为了得到偏应力峰值带偏转情况,对切点连线与垂直方向的垂直夹角和水平方向的水平夹角进行统计。

由图 4-15 和表 4-5(采深 850 m,即充填高度 4.3 m 相关数据)得到,工作面推进 160 m 时,不同充填高度条件下,偏应力峰值带扩张角、切点连线与垂直方向夹角、切点连线与水平方向夹角变化规律,如表 4-16 所列。

表 4-16  相关角度演化规律(充填高度 3.9 m、4.1 m、4.3 m、4.5 m)

| 推进距离/m | 充填高度/m | 扩张角/(°) | 垂直夹角/(°) | 水平夹角/(°) |
|---|---|---|---|---|
| 160 | 3.9 | 127 | 17 | 73 |
| | 4.1 | 120 | 12 | 78 |
| | 4.3 | 92 | 6 | 84 |
| | 4.5 | 56 | 3 | 87 |

由表 4-16 可知,工作面推进 160 m 时,随充填高度增加,偏应力峰值带扩张角大幅度降低,扩张角由 127°(充填高度 3.9 m)逐渐降低至 56°(充填高度 4.5 m),降低了 71°,说明充填高度越大偏应力峰值带扩张范围越小,围岩破坏范围越小,充填留巷顶板锚索支护越易穿过偏应力峰值带并锚固在深部稳定岩层中。同时,切点连线垂直夹角也出现大幅度降低,垂直夹角由 17°(充填高度 3.9 m)逐渐降低至 3°(充填高度 4.5 m),降低了 14°;对应地,切点连线水平夹角增加了14°,说明充填高度越大,偏应力峰值带发生偏转的角度越小,充填留巷顶底板围岩偏应力非对称分布越不明显。

### 4.5.3  不同充填高度充填留巷围岩塑性区分布特征对比

图 4-16 为工作面推进 160 m 时不同充填高度条件下巷道围岩塑性区分布图。

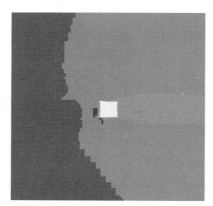

(a)充填高度3.9 m

图 4-16  不同充填高度巷道围岩塑性区分布图

(b) 充填高度4.1 m

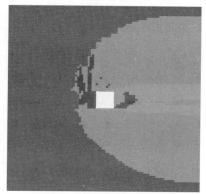

(c) 充填高度4.3 m

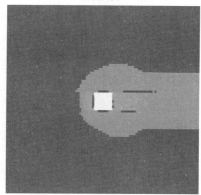

(d) 充填高度4.5 m

破坏区域　　　　　　　　　　　未破坏区域

图 4-16(续)

由图 4-16 可知,工作面推进 160 m 时,充填留巷围岩塑性区范围差异较大。随充填高度增加,塑性区范围由深部大范围破坏状态逐渐变成浅部小范围破坏状态,说明充填高度越高,越易限制上覆岩层运动,塑性区破坏范围越小。可见,充填高度变化对塑性区分布形态有显著影响。

### 4.5.4 不同充填高度充填留巷围岩偏应力峰值和塑性区演化规律总结

根据不同充填高度条件下充填留巷围岩偏应力和塑性区演化规律分析,得到工作面推进 160 m 时,不同充填高度留巷围岩偏应力峰值和塑性区范围变化规律,表 4-17 为充填高度 3.9 m、充填高度 4.1 m、充填高度 4.3 m 和充填高度 4.5 m 时留巷围岩偏应力峰值和塑性区范围变化对比。

由表 4-17 可知,任意充填高度条件下,顶板塑性区破坏深度位于偏应力峰值位置附近,最大间距为 3 m(充填高度 3.9 m),最小间距为 1 m(充填高度 4.5 m);底板塑性区破坏深度大于等于偏应力峰值位置,间距为 0~1 m;实体煤帮塑性区破坏深度与偏应力峰值位置基本一致。

表 4-17 不同充填高度留巷围岩对比

| 推进距离 /m | 充填高度 /m | 监测位置 | 塑性区破坏深度 /m | 偏应力峰值位置 /m | 偏应力峰值 /MPa |
|---|---|---|---|---|---|
| 160 | 3.9 | R | 38.0 | 41.0 | 16.60 |
| | | F | 15.5 | 14.5 | 11.37 |
| | | E | 4.0 | 4.0 | 14.62 |
| | 4.1 | R | 35.0 | 36.5 | 15.80 |
| | | F | 15.0 | 14.0 | 11.68 |
| | | E | 4.0 | 4.0 | 15.61 |
| | 4.3 | R | 13.5 | 15.5 | 12.79 |
| | | F | 10.0 | 10.0 | 11.92 |
| | | E | 3.8 | 4.0 | 15.80 |
| | 4.5 | R | 6.0 | 5.0 | 13.52 |
| | | F | 5.5 | 4.5 | 13.87 |
| | | E | 3.5 | 3.5 | 15.05 |

据此可知,不同充填高度条件下充填留巷围岩塑性区轮廓线位于偏应力峰值带附近,偏应力峰值带位于弹塑性交界面区域。同时,偏应力峰值带扩张角与塑性区范围呈非线性正比关系。与不同采深、采高及侧压系数条件下的充填留

巷围岩偏应力和塑性区的时空关系一致。

## 4.6 充填留巷围岩偏应力时空演化因素权重关系

通过对充填留巷围岩偏应力时空演化因素(采深、采高、侧压系数及充填高度)分析,得到随影响因素变化,充填留巷围岩偏应力和塑性区时空演化规律及其时空关系。为了确定不同演化因素对充填留巷围岩偏应力时空的影响程度,以工作面推进 160 m 时(即工作面回采结束),留巷围岩偏应力峰值、偏应力峰值位置及偏应力峰值带扩张角为比较对象,并根据前文研究结果得到不同演化因素条件下顶底板、实体煤帮偏应力峰值及峰值位置和偏应力峰值带扩张角分布规律,以此对留巷围岩偏应力演化因素的权重关系进行分析,如表 4-18 所列。

表 4-18 留巷围岩偏应力演化因素对比

| 因素 | 模拟方案 | 顶板偏应力 | | 底板偏应力 | | 实体煤帮偏应力 | | 偏应力峰值带扩张角/(°) |
|---|---|---|---|---|---|---|---|---|
| | | 峰值/MPa | 位置/m | 峰值/MPa | 位置/m | 峰值/MPa | 位置/m | |
| 采深/m | 650 | 10.39 | 16.0 | 9.81 | 7.0 | 13.32 | 3.5 | 95 |
| | (850) | 12.79 | 15.5 | 11.92 | 10.0 | 15.80 | 4.0 | 92 |
| | 1 050 | 15.53 | 13.5 | 14.32 | 10.5 | 17.88 | 4.0 | 89 |
| | 1 250 | 18.24 | 13.0 | 16.79 | 10.0 | 20.07 | 4.5 | 88 |
| 采高/m | 2.5 | 13.06 | 12.0 | 11.84 | 8.5 | 14.96 | 2.5 | 82 |
| | 3.5 | 12.97 | 13.0 | 11.87 | 9.5 | 15.47 | 3.0 | 90 |
| | (4.5) | 12.79 | 15.5 | 11.92 | 10.0 | 15.80 | 4.0 | 92 |
| 侧压系数 | 1.0 | 11.03 | 13.5 | 10.29 | 7.0 | 15.48 | 4.0 | 91 |
| | (1.2) | 12.79 | 15.5 | 11.92 | 10.0 | 15.80 | 4.0 | 92 |
| | 1.4 | 14.78 | 12.5 | 13.78 | 10.0 | 16.15 | 3.5 | 83 |
| 充填高度/m | 3.9 | 16.60 | 41.0 | 11.37 | 14.5 | 14.62 | 4.0 | 127 |
| | 4.1 | 15.80 | 36.5 | 11.68 | 14.0 | 15.61 | 4.0 | 120 |
| | (4.3) | 12.79 | 15.5 | 11.92 | 10.0 | 15.80 | 4.0 | 92 |
| | 4.5 | 13.52 | 5.0 | 13.82 | 4.5 | 15.05 | 3.5 | 56 |

注:括号中表示以邢东矿 1126 深部充填留巷生产地质条件为模拟方案。

由表 4-18 可知,实体煤帮偏应力峰值较顶底板偏应力峰值和偏应力峰值带扩张角的可靠度高,数据的波动性较小,可较真实反映出不同演化因素对充填留巷围岩偏应力时空的影响程度,故选取实体煤帮偏应力峰值来确定不同因素的影响程度。随采深、采高、侧压系数和充填高度增加,实体煤帮偏应力峰值均逐渐增加,为了便于分析不同因素对实体煤帮偏应力峰值的影响程度,设充填留巷围岩偏应力峰值比值为 $P$,相同因素中水平比值为 $H$,则采深 1 250 m 时实体煤帮偏应力峰值与采深 650 m 时实体煤帮偏应力峰值比值可表示为 $P_{E1250/E650}$,采深水平 1 250 m 与采深水平 650 m 比值可表示为 $H_{1250/650}$。同理,其他影响因素条件下的峰值比值和水平比值也采用相同方法表示。

据此,得到相同因素的 $P$(实体煤帮偏应力峰值比值)与 $H$ 的比值,设为 $W$,并以 $W$ 作为分析充填留巷围岩偏应力时空演化因素权重关系大小的指标,其中 $P$ 取相同因素条件下实体煤帮最大偏应力峰值与最小偏应力峰值之比,$H$ 取相同因素条件下实体煤帮最大偏应力峰值所在水平与最小偏应力峰值所在水平之比(即 $H$ 取与 $P$ 相对应的水平比值),则 $W_{1250/650}$(采深因素)、$W_{4.5/2.5}$(采高因素)、$W_{1.4/1.0}$(侧压系数因素)、$W_{4.3/3.9}$(充填高度因素)可分别表示为

$$\left.\begin{array}{l} W_{1250/650}=\dfrac{P_{E1250/E650}}{H_{1250/650}} \\[2mm] W_{4.5/2.5}=\dfrac{P_{E4.5/E2.5}}{H_{4.5/2.5}} \\[2mm] W_{1.4/1.0}=\dfrac{P_{E1.4/E1.0}}{H_{1.4/1.0}} \\[2mm] W_{4.3/3.9}=\dfrac{P_{E4.3/E3.9}}{H_{4.3/3.9}} \end{array}\right\} \quad (4-1)$$

式中,$P_{E1250/E650}=1.51$,$H_{1250/650}=1.92$;$P_{E4.5/E2.5}=1.06$,$H_{4.5/2.5}=1.8$;$P_{E1.4/E1.0}=1.04$,$H_{1.4/1.0}=1.4$;$P_{E4.3/E3.9}=1.08$,$H_{4.3/3.9}=1.1$。

将相关数据代入式(4-1)得到:① 采深因素,$W_{1250/650}=0.79$;② 采高因素,$W_{4.5/2.5}=0.59$;③ 侧压系数因素,$W_{1.4/1.0}=0.74$;④ 充填高度因素,$W_{4.3/3.9}=0.98$。

据此得到比值 $W$ 的大小关系为 $W_{4.3/3.9}>W_{1250/650}>W_{1.4/1.0}>W_{4.5/2.5}$,即充填留巷围岩偏应力时空演化因素的主次顺序为充填高度>采深>侧压系数>采高。

# 4.7  小结

采用应变软化模型对充填留巷围岩偏应力时空演化因素(采深、采高、侧压系数和充填高度)进行了分析,探讨了不同影响因素条件下充填留巷围岩偏应力和塑性区时空演化规律及其时空关系,并对充填留巷围岩偏应力时空演化因素

的影响程度进行比较,得到各因素的主次顺序。

(1) 随工作面推进,采深因素条件下,巷道围岩偏应力分布演化形态为近似瘦高椭圆状(近似鼓状)→小半圆拱→大半圆拱→扇形拱;塑性区分布演化形态为近似椭圆状(近似鼓状)→近似圆状→近似半球状。采高因素条件下,巷道围岩偏应力分布演化形态均为近似瘦高椭圆状→小半圆拱→大半圆拱→扇形拱;塑性区分布演化形态均为近似椭圆状→近似圆状→近似半球状。侧压系数因素条件下,巷道围岩偏应力分布演化形态为近似扁平椭圆状(近似瘦高椭圆状)→小半圆拱→大半圆拱→扇形拱;塑性区分布演化形态为近似扁平椭圆状(近似椭圆状)→近似圆状→近似半球状。不同影响因素条件下,偏应力峰值均向顶底帮角和实体煤帮转移。

(2) 随采深、采高和侧压系数增加,顶底板和两帮偏应力分布曲线与横坐标间区域面积均逐渐增加,而随充填高度增加,顶底板和实体煤帮偏应力分布曲线与横坐标间区域面积均逐渐降低,充填体帮偏应力分布曲线与横坐标间区域面积逐渐增加;随采深、侧压系数和充填高度增加,偏应力峰值带扩张角逐渐降低,而随采高增加,偏应力峰值带扩张角逐渐增加。

(3) 不同影响因素条件下,偏应力峰值带均位于弹塑性交界面区域,偏应力峰值带扩张角与塑性区范围呈非线性正比关系,偏应力和塑性区均具有非对称分布及非对称演化特征,偏应力决定塑性区的发生和发展,对塑性区破坏有重要影响,表明偏应力对充填留巷围岩活动具有主控作用。同时,以不同条件下实体煤帮偏应力峰值为分析指标,得到充填留巷围岩偏应力时空演化因素的主次顺序为充填高度>采深>侧压系数>采高。

# 5  深部充填留巷围岩球应力时空演化规律

　　围岩应力包括偏应力和球应力,两个应力与塑性区之间都有一定的对应关系,结合前文深部充填留巷围岩塑性区时空演化规律的研究结果,探讨深部充填留巷围岩球应力分布特征、演化规律及其与塑性区的对应关系,并对充填留巷围岩球应力时空演化因素进行分析。以邢东矿 1126 工作面沿空留巷为例,采用应变软化模型研究深部充填留巷围岩球应力时空演化规律,揭示出球应力对充填沿空留巷围岩活动的"保护作用"。

## 5.1　深部充填留巷数值模型建立

### 5.1.1　球应力分析指标

　　根据塑性力学,应力张量可分为球应力张量和偏应力张量两部分。当单元六面体上的应力状态以主应力表示时,则围岩中任意一点的应力状态可由张量矩阵表示为[设 $\sigma_i(i=1、2、3)$ 为相互垂直的主应力,$\sigma_1 \geqslant \sigma_2 \geqslant \sigma_3$]

$$\begin{bmatrix} \sigma_1 & 0 & 0 \\ 0 & \sigma_2 & 0 \\ 0 & 0 & \sigma_3 \end{bmatrix} = \begin{bmatrix} \sigma_m & 0 & 0 \\ 0 & \sigma_m & 0 \\ 0 & 0 & \sigma_m \end{bmatrix} + \begin{bmatrix} s_1 & 0 & 0 \\ 0 & s_2 & 0 \\ 0 & 0 & s_3 \end{bmatrix} \tag{5-1}$$

式(5-1)中,右边第 1 项是球应力张量,第 2 项是偏应力张量。$\sigma_m$ 为球应力张量分量,即球应力,将其作为衡量球应力的指标,其表达式为(球应力解析表达式已在 3.1.2 作了分析,不再赘述)

$$\sigma_m = \frac{1}{3}(\sigma_1 + \sigma_2 + \sigma_3) \tag{5-2}$$

### 5.1.2　计算模型建立

　　分析深部充填留巷围岩球应力时空演化规律所建立的留巷数值模型和岩层力学参数同 3.1.3,即采用 FLAC³ᴰ 软件研究随工作面推进留巷围岩球应力时空演化规律,建立模型尺寸为:$x$ 轴方向 220 m,$y$ 轴方向 150 m,$z$ 轴方向 100 m,模型上部施加载荷 19.99 MPa(采深 850 m),侧压系数为 1.2,工作面沿 $x$ 轴方向推进。模型水平方向位移约束,底部垂直方向位移约束,采用应变软化模型进行模拟研究。

考虑现场实际接顶充填高度为 4.3 m(采高为 4.5 m),为了使工作面推进和充填开采符合现场实际,模拟中接顶充填高度为 4.3 m,采用分步开挖和分布充填,即工作面开挖 2 m,同时紧随其后对采空区充填 2 m,采用"一挖一充"直至工作面开挖完(共模拟开挖 160 m)。

巷道围岩球应力监测方案同 3.1.3,即在 1126 运料巷中布置 7 个测面,其中测面 1 到测面 7 距工作面开切眼的距离分别为 32 m、48 m、64 m、80 m、96 m、112 m 及 128 m,如图 3-3 所示。在每个测面顶板、底板、实体煤帮和回采帮/充填体帮中线处各布置 1 条测线,并在测线上布置若干个测点,具体如下:工作面每推进 8 m(共推进 160 m),对 7 个测面中的每条测线分别进行 1 次监测,共监测 20 次,以此获得 1126 运料巷(留巷)围岩球应力分布曲线,得出 1126 运料巷(留巷)围岩球应力演化规律,进而明确球应力的分布形态和分布位置,得到球应力与偏应力和塑性区时空关系。

# 5.2 深部充填留巷围岩球应力演化规律

选取具有代表性的测面 4(距开切眼 80 m)为研究对象,来分析说明充填留巷围岩球应力演化规律。研究对象的选取综合考虑以下 3 个因素:① 测面到开切眼或停采线距离较近时,巷道围岩球应力时空演化进程不能完整表现出来;② 在整个工作面回采过程中,巷道中部相对巷道其他部分,其球应力演化规律展现较为完整;③ 对比 7 个测面监测结果。

## 5.2.1 充填留巷围岩球应力分布曲线

图 5-1 为测面 4 随工作面推进围岩球应力分布曲线。在图 5-1(d)中,当工作面逐渐接近测面时,回采帮/充填体帮是实体煤,当工作面逐渐远离测面时,回采帮/充填体帮是充填体,并用负值表示距底板表面距离。

(1)顶底板球应力分布曲线

由图 5-1(a)、(b)可知,随工作面推进,测面 4 顶底板球应力分布曲线形态基本一致。工作面逐渐接近测面时,顶底板球应力在围岩浅部以类线性关系快速增加至峰值,峰值后向围岩深部逐渐降低并趋于稳定。顶底板球应力峰值逐渐降低且向围岩深部转移。工作面逐渐远离测面时,当距顶板表面距离 0~15.5 m,距底板表面距离 0~11.5 m 时,顶底板球应力快速增加,增加速率较大;当距顶板表面距离大于 15.5 m,距底板表面距离大于 11.5 m 时,顶底板球应力缓慢增加,增加速率较小。

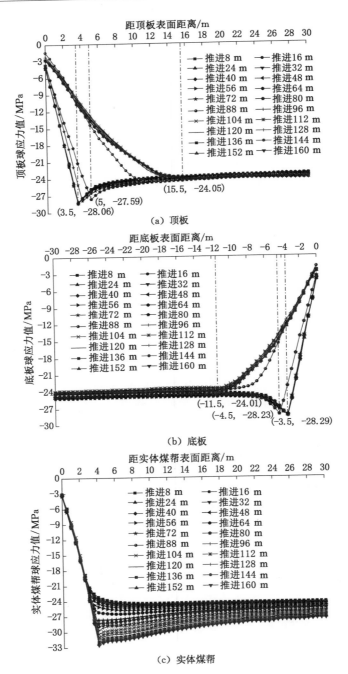

图 5-1　测面 4(距开切眼 80 m)随工作面推进球应力分布曲线

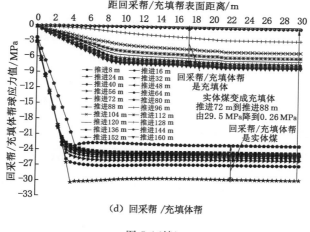

（d）回采帮／充填体帮

图 5-1（续）

由顶底板球应力分布曲线可知，随工作面推进，顶底板球应力由存在峰值（工作面逐渐接近测面）变成不存在峰值（工作面逐渐远离测面），即在沿空留巷段，顶底板球应力始终处于增加趋势，此时顶底板球应力不存在峰值。

（2）实体煤帮球应力分布曲线

由图 5-1（c）可知，工作面逐渐接近测面时，实体煤帮球应力先快速增加至峰值，峰值后向围岩深部逐渐趋于稳定。工作面逐渐远离测面时，实体煤帮球应力在围岩浅部以类线性关系快速增加至峰值，峰值后逐渐降低并趋于稳定。从工作面回采开始到工作面回采结束，实体煤帮球应力峰值逐渐增加，实体煤帮球应力峰值距巷道表面距离逐渐降低，工作面回采结束时（推进 160 m），球应力峰值距巷道表面距离均为 4 m。

（3）回采帮／充填体帮球应力分布曲线

由图 5-1（d）可知，工作面逐渐接近测面时，回采帮球应力先快速增加至峰值，峰值后向围岩深部趋于稳定，球应力峰值逐渐增加，球应力峰值距巷道表面距离逐渐降低。工作面逐渐接近测面到逐渐远离测面时（即回采帮由实体煤变成充填体过程中），球应力出现迅速下降。工作面逐渐远离测面时，充填体帮球应力先逐渐增加后趋于稳定，球应力峰值逐渐增加，球应力峰值距巷道表面距离逐渐降低。工作面回采结束时（推进 160 m），球应力峰值距巷道表面距离为 21.5 m（测面 4）。

回采帮由实体煤变成充填体过程中，回采帮球应力变化较大。在测面 4，工作面从推进 72 m 到推进 88 m，回采帮／充填体帮球应力由 29.5 MPa 快速降低到 0.26 MPa，降低了 29.24 MPa，而后逐渐增加至 7.92 MPa（推进 160 m）。

由于充填体强度低,承载能力低,回采帮由实体煤变成充填体过程中,球应力出现迅速降低。由球应力控制单元体积压缩可知,此时充填体帮处于较小的应力压缩状态,采空区充填体留巷侧顶板会出现较大下沉量。据此,对充填体临空侧采用护表构件,使充填体浅部围岩由二向受压状态调整为三向受压状态,提高充填体帮承载能力,并对充填体侧采用巷旁支护,防止充填体侧顶板出现严重下沉。该支护措施与根据充填体帮偏应力演化规律得出的充填体侧支护措施一致。

### 5.2.2 充填留巷围岩球应力峰值变化规律

根据测面 4(距开切眼 80 m)充填留巷围岩球应力分布曲线,可得到随工作面推进充填留巷围岩球应力峰值变化规律,如表 5-1 和表 5-2 所列。

表 5-1 顶底板球应力峰值变化

| 推进距离/m | 监测位置 | 球应力峰值/MPa | 球应力峰值位置/m |
|---|---|---|---|
| 8 | R | −28.37 | 3.5 |
| | F | −28.49 | 3.5 |
| 16 | R | −28.35 | 3.5 |
| | F | −28.48 | 3.5 |
| 24 | R | −28.34 | 3.5 |
| | F | −28.47 | 3.5 |
| 32 | R | −28.33 | 3.5 |
| | F | −28.46 | 3.5 |
| 40 | R | −28.31 | 3.5 |
| | F | −28.45 | 3.5 |
| 48 | R | −28.25 | 3.5 |
| | F | −28.43 | 3.5 |
| 56 | R | −28.16 | 3.5 |
| | F | −28.38 | 3.5 |
| 64 | R | −28.06 | 3.5 |
| | F | −28.31 | 3.5 |
| 72 | R | −27.86 | 4.0 |
| | F | −28.29 | 3.5 |
| 80 | R | −27.59 | 5.0 |
| | F | −28.23 | 4.5 |

注:R 为巷道顶板;F 为巷道底板。

表 5-2　两帮球应力峰值变化

| 推进距离/m | 监测位置 | 球应力峰值/MPa | 球应力峰值位置/m |
|---|---|---|---|
| 8 | E | −24.43 | 10.5 |
| | M | −24.42 | 10.5 |
| 16 | E | −24.60 | 10.0 |
| | M | −24.61 | 10.0 |
| 24 | E | −24.69 | 10.0 |
| | M | −24.72 | 10.0 |
| 32 | E | −24.82 | 9.5 |
| | M | −24.88 | 10.0 |
| 40 | E | −25.02 | 9.0 |
| | M | −25.12 | 9.5 |
| 48 | E | −25.31 | 8.5 |
| | M | −25.48 | 9.0 |
| 56 | E | −25.74 | 7.5 |
| | M | −26.05 | 8.5 |
| 64 | E | −26.45 | 6.5 |
| | M | −27.09 | 7.5 |
| 72 | E | −27.62 | 4.5 |
| | M | −30.40 | 4.0 |
| 80 | E | −28.28 | 4.0 |
| | M | −23.28 | 4.0 |
| 88 | E | −28.89 | 4.0 |
| | B | −0.26 | 25.5 |
| 96 | E | −29.64 | 4.0 |
| | B | −2.61 | 25.5 |
| 104 | E | −30.38 | 4.0 |
| | B | −4.86 | 25.5 |
| 112 | E | −30.98 | 4.0 |
| | B | −5.91 | 21.5 |
| 120 | E | −31.30 | 4.0 |
| | B | −6.54 | 21.5 |

表 5-2（续）

| 推进距离/m | 监测位置 | 球应力峰值/MPa | 球应力峰值位置/m |
|---|---|---|---|
| 128 | E | −31.68 | 4.0 |
| | B | −6.97 | 21.5 |
| 136 | E | −31.96 | 4.0 |
| | B | −7.29 | 21.5 |
| 144 | E | −32.16 | 4.0 |
| | B | −7.54 | 21.5 |
| 152 | E | −32.33 | 4.0 |
| | B | −7.72 | 21.5 |
| 160 | E | −32.54 | 4.0 |
| | B | −7.94 | 21.5 |

注:E 为实体煤帮;M/B 为回采帮/充填体帮。

由表 5-1 可知,随工作面推进,工作面逐渐接近测面时,顶底板球应力峰值逐渐降低,球应力峰值位置逐渐增加,其中顶板球应力峰值位置由距巷道表面3.5 m 增加至 5 m,底板球应力峰值位置由距巷道表面 3.5 m 增加至 4.5 m,顶底板球应力峰值位置均向深部转移。工作面逐渐远离测面时,在任意推进步距情况下,由图 5-1(a)可知,距巷道表面小于 15.5 m 时,顶板球应迅速增加,距巷道表面大于 15.5 m 时,顶板球应力缓慢增加;由图 5-1(b)可知,距巷道表面小于 11.5 m 时,底板球应迅速增加,距巷道表面大于 11.5 m 时,底板球应缓慢增加,即在任意推进步距情况下,顶底板球应力始终保持增加趋势,此时顶底板球应力不存在峰值,故表 5-1 中未列出工作面逐渐远离测面时的相关数据。

由表 5-2 可知,随工作面推进,实体煤帮球应力峰值逐渐增加,球应力峰值位置逐渐降低,由距巷道表面 10.5 m 降低至 4 m 后保持恒定,降低了 6.5 m。回采帮/充填体帮球应力峰值变化如下:① 工作面推进 8 m 到推进 72 m,回采帮球应力峰值逐渐增加,球应力峰值位置逐渐降低,由距巷道表面 10.5 m 降低至 4 m,降低了 6.5 m;② 工作面推进 72 m 到推进 88 m(回采帮由实体煤变成充填体过程中),球应力峰值迅速下降,数值由 30.4 MPa 迅速降低至 0.26 MPa,且峰值快速向深部转移,由 4 m 迅速增加至 25.5 m;③ 工作面推进 88 m 以后,充填体帮球应力峰值逐渐增加,球应力峰值位置迅速降低后保持恒定,由距巷道表面25.5 m 降低到 21.5 m 后保持恒定,降低了 4 m。

### 5.2.3 充填留巷围岩球应力分布云图

图 5-2 为随工作面推进测面 4(距开切眼 80 m)留巷围岩球应力分布云图，图 5-3 为随工作面推进围岩球应力三维分布云图。

由图 5-2 和图 5-3 可知充填留巷围岩球应力分布演化规律：

(1) 工作面逐渐接近测面时，回采巷道围岩球应力分布演化形态为花瓣状，球应力峰值由顶底板逐渐转移至实体煤帮。

(2) 工作面逐渐远离测面(沿空留巷段)时，沿充填体到实体煤方向，留巷围岩球应力等值线由包围于充填体变成包围于实体煤。① 图 5-2(i)、(j)中边界线 A 包围于实体煤，形成"左包围"，即球应力等值线由边界线 A 到实体煤呈扩张到闭合形态(实体煤侧)。② 图 5-2(i)、(j)中边界线 B 包围于充填体，形成"右包围"，即球应力等值线由边界线 B 到充填体也呈扩张到闭合形态(充填体侧)。

可见，边界线 A 和边界线 B 呈类双曲线分布形态，形成了包围于充填体和包围于实体煤的两个非对称区域，具有明显分区特征。基于留巷围岩球应力分布特征，即左包围(包围于实体煤)和右包围(包围于充填体)之间区域具有明显的过渡性，提出将边界线 A 和边界线 B 之间区域称为"球应力过渡带"。由图 5-2(i)可知，当工作面推进 128 m 时，边界线 A 位于球应力等值线 −25 MPa，边界线 B 位于球应力等值线 −24 MPa，由图 5-1(a)、(b)可知，顶板和底板球应力等值线 −24 MPa 分别位于距测线起点 15.5 m、11 m。由图 5-2(j)可知，当工作面推进 160 m 时，边界线 A 位于球应力等值线 −25 MPa，边界线 B 位于球应

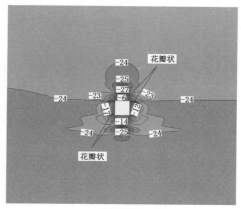

(a) 推进16 m

图 5-2　随工作面推进围岩球应力分布云图(单位:MPa)

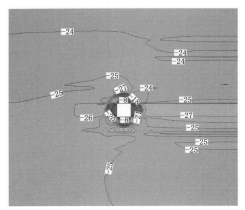

(b) 推进64 m

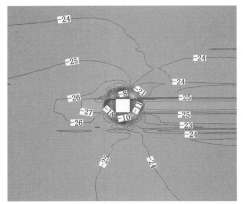

(c) 推进72 m

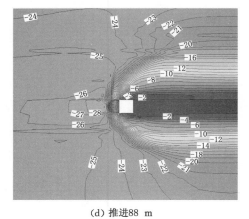

(d) 推进88 m

图 5-2(续)

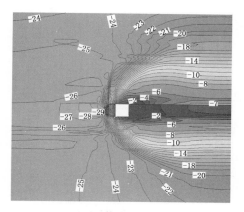

（e）推进96 m

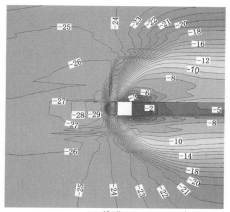

（f）推进104 m

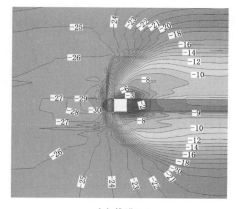

（g）推进112 m

图 5-2（续）

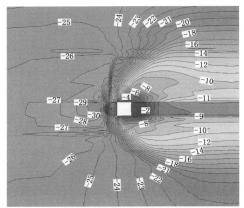

(h) 推进120 m

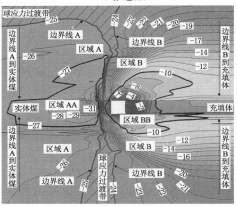

（i）推进128 m

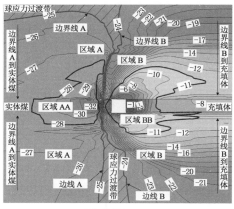

（j）推进160 m

图 5-2(续)

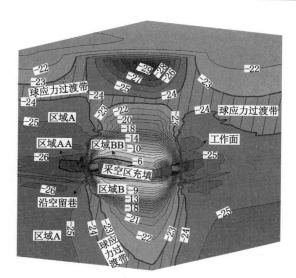

分布云图

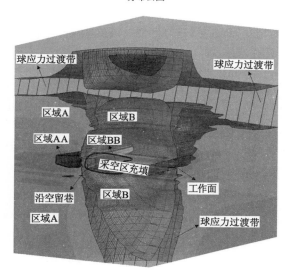

内部结构

-28 -26 -24 -22 -20 -18 -16 -14 -12 -10 -8 -6 -4 -2 0

（a）工作面推进96 m

图 5-3　随工作面推进围岩球应力三维分布云图（单位：MPa）

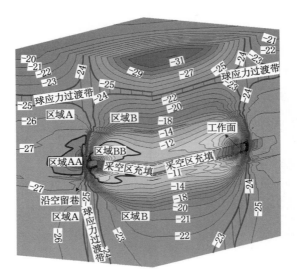

分布云图

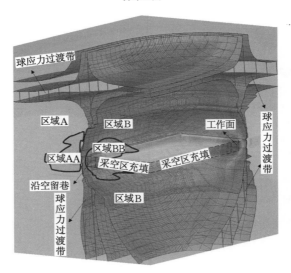

内部结构

-32 -30 -28 -26 -24 -22 -20 -18 -16 -14 -12 -10 -8 -6 -4 -2 0

(b) 工作面推进160 m

图 5-3(续)

力等值线－24 MPa,由图 5-1(a)、(b)可知,顶板和底板球应力等值线－24 MPa 分别位于距测线起点 15.5 m、11.5 m(即顶底板表面距球应力过渡带距离分别为 15.5 m、11.5 m)。

由此可知,充填留巷围岩球应力分区为:

(1) 以沿空留巷位置为参照,球应力过渡带将留巷围岩划分为凸向沿空留巷的区域 A 和凹向沿空留巷的区域 B,区域 A 逐渐向实体煤侧扩张,区域 B 逐渐向采空区侧扩张,两者具有明显的"非对称包围性",并呈类双曲线分布形态。

(2) 由球应力过渡带逐渐向实体煤和充填体接近时,区域 A 和区域 B 逐渐由扩张状态过渡到闭合状态,在区域 A 和区域 B 中各自形成一个闭合的小区域(由扩张到闭合时,第一个出现的闭合区域),分别是区域 AA 和区域 BB,两者具有明显的非对称性。由图 5-2(i)可知,区域 AA 和区域 BB 分别位于球应力等值线－27 MPa、－10 MPa 所闭合的区域;由图 5-2(j)可知,区域 AA 和区域 BB 分别位于球应力等值线－28 MPa、－11 MPa 所闭合的区域。

据此,充填留巷围岩球应力分布被分为两个大区域(区域 A、区域 B)及其各自包含的小区域(区域 AA、区域 BB),构成了"两大两小"分区特征,区域 A、区域 B 之间和区域 AA、区域 BB 之间均具有非对称分布及非对称演化特征。球应力从区域 AA 到区域 A 逐渐降低,即在区域 A 中球应力等值线从闭合到扩张,球应力逐渐降低;球应力从区域 B 到区域 BB 逐渐降低,即在区域 B 中球应力等值线从扩张到闭合,球应力逐渐降低。整体看,球应力等值线由闭合→扩张→闭合(煤层顶板和底板均从实体煤侧到充填体侧),煤层顶板球应力以顺时针方向逐渐降低,煤层底板球应力以逆时针方向逐渐降低,即从区域 AA→区域 A→区域 B→区域 BB,充填留巷围岩球应力逐渐降低。同时,空间球应力分布显示球应力过渡带始终形似将充填留巷工作面"半包裹"起来,留巷围岩活动始终处在球应力过渡带下方,球应力过渡带既位于垂直于工作面的上覆岩层中,也位于平行于工作面的上覆岩层中。

## 5.3　深部充填留巷围岩球应力和塑性区分布特征对比

### 5.3.1　充填留巷围岩球应力峰值和塑性区范围对比

3.2.2 已对深部充填留巷围岩塑性区演化规律进行了相关研究,结合 3.2.2 以及图 5-1、表 5-1 和表 5-2 得到充填留巷围岩球应力峰值位置和塑性区范围变化,顶底板对比和两帮对比如表 5-3 和表 5-4 所列。由于当工作面逐渐远离测面时,顶底板球应力不存在峰值,因此,表 5-3 中包含顶底板球应力过渡带位置

[即图 5-2(j)中边界线 B 的位置，下同]的监测数据，而表 5-4 中只包含实体煤帮塑性区范围的监测数据。

表 5-3 顶底板对比

| 推进距离/m | 监测位置 | 球应力峰值位置/m | 塑性区破坏深度/m |
|---|---|---|---|
| 16 | R | 3.5 | 3.0 |
| | F | 3.5 | 3.0 |
| 32 | R | 3.5 | 3.0 |
| | F | 3.5 | 3.0 |
| 48 | R | 3.5 | 3.0 |
| | F | 3.5 | 3.0 |
| 64 | R | 3.5 | 3.0 |
| | F | 3.5 | 3.0 |
| 72 | R | 4.0 | 3.5 |
| | F | 3.5 | 3.5 |
| 96 | R | 14.0 | 12.0 |
| | F | 10.5 | 9.5 |
| 112 | R | 15.5 | 13.5 |
| | F | 11.5 | 10.0 |
| 120 | R | 15.5 | 13.5 |
| | F | 11.5 | 10.0 |
| 128 | R | 15.5 | 13.5 |
| | F | 11.5 | 10.0 |
| 160 | R | 15.5 | 13.5 |
| | F | 11.5 | 10.0 |

注：R 为巷道顶板；F 为巷道底板。

表 5-4 两帮对比

| 推进距离/m | 监测位置 | 球应力峰值位置/m | 塑性区破坏深度/m |
|---|---|---|---|
| 16 | E | 10.0 | 2.5 |
| | M | 10.0 | 2.5 |
| 32 | E | 9.5 | 2.6 |
| | M | 10.0 | 2.6 |

表 5-4(续)

| 推进距离/m | 监测位置 | 球应力峰值位置/m | 塑性区破坏深度/m |
|---|---|---|---|
| 48 | E | 8.5 | 2.7 |
| | M | 9.0 | 2.7 |
| 64 | E | 6.5 | 2.8 |
| | M | 7.5 | 2.8 |
| 72 | E | 4.5 | 3.4 |
| | M | 4.0 | 3.4 |
| 96 | E | 4.0 | 3.4 |
| 112 | E | 4.0 | 3.8 |
| 120 | E | 4.0 | 3.8 |
| 128 | E | 4.0 | 3.8 |
| 160 | E | 4.0 | 3.8 |

注:E 为实体煤帮;M 为回采帮。

由表 5-3 可知,随工作面推进,工作面逐渐接近测面时,顶底板球应力峰值位置与顶底板塑性区破坏深度间距 0~0.5 m,前者不小于后者。工作面逐渐远离测面时,顶底板球应力过渡带位置大于顶底板塑性区破坏深度,其中在顶板间距约为 2 m,在底板间距 1~1.5 m。

由表 5-4 可知,随工作面推进,工作面逐渐接近测面时,两帮球应力峰值位置变化同 5.2.2,实体煤帮和回采帮塑性区破坏深度均由距巷道表面 2.5 m 增加至 3.4 m,两帮球应力峰值位置大于两帮塑性区破坏深度。工作面逐渐远离测面时,实体煤帮球应力峰值位置与实体煤帮塑性区破坏深度间距为 0.2~0.6 m,前者大于后者。据此得到,留巷围岩球应力峰值位置或球应力过渡带位置大于塑性区破坏深度。

## 5.3.2　充填留巷围岩球应力分布云图和塑性区范围对比

图 5-4 为工作面推进 160 m(即工作面回采结束)留巷围岩球应力分布和塑性区范围。

（1）球应力分布

以球应力过渡带划分为区域 A 和区域 B,区域 A 凹向实体煤,区域 B 凹向采空区,区域 A 和区域 B 具有"非对称包围性",呈类双曲线分布形态。同时,在两个大区域中各自包含一个闭合的小区域,即区域 AA 和区域 BB,小区域间也具有"非对称性"。各个区域始终位于留巷围岩中,留巷围岩具有明显的分区特征。

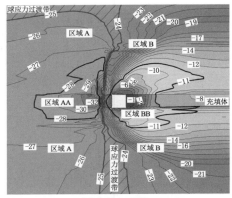

（a）球应力分布（单位：MPa）

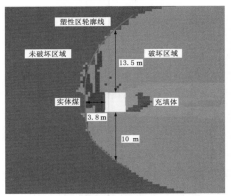

（b）塑性区范围

图 5-4　工作面推进 160 m 围岩球应力分布和塑性区范围

（2）塑性区分布

以塑性区轮廓线划分未破坏域和破坏区域（即塑性区），未破坏区域位于塑性区轮廓线外部，破坏区域（即塑性区）位于塑性区轮廓线内部。塑性区范围为半椭圆状，顶底板塑性区范围明显大于实体煤帮塑性区范围，且留巷围岩塑性区呈非对称分布形态。

当工作面逐渐远离测面时，分析可知，顶底板球应力过渡带位置大于顶底板塑性区范围，间距 1～2 m；实体煤帮球应力峰值位置大于实体煤帮塑性区范围，间距 0.2～0.6 m。球应力过渡带与塑性区轮廓线的空间位置关系如图 5-5 所示。因此，塑性区轮廓线位于顶底板球应力过渡带内部、实体煤帮球应力峰值位置内部及闭合小区域 BB 外部，且破坏岩体中的球应力过渡带位于弹塑性交界面区域。

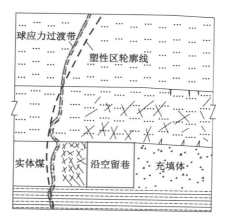

图 5-5　球应力过渡带与塑性区轮廓线的空间位置关系

可见,在沿空留巷浅部围岩,球应力过渡带位于弹塑性交界面区域;在沿空留巷深部围岩,球应力过渡带位于未破坏岩体中。鉴于此,球应力过渡带可看成是留巷围岩中未破坏岩体的"骨架",留巷围岩中未破坏岩体形似被这个"骨架"支撑起来,对留巷围岩起到"保护作用"。

基于球应力过渡带与塑性区轮廓线的空间位置关系,提出倾斜布置的实体煤侧顶板锚索应穿过球应力过渡带(破坏岩体中)和塑性区轮廓线,同时实体煤帮锚索也穿过球应力过渡带和塑性区轮廓线,并锚固在深部稳定岩体中。

# 5.4　小结

采用应变软化模型对深部充填留巷围岩球应力时空演化规律及其与塑性区时空关系进行研究,揭示了球应力对充填沿空留巷围岩的"保护作用",得到如下结论:

(1)随工作面推进,邢东矿深部充填巷道围岩球应力峰值由顶底板逐渐转移至实体煤帮,球应力分布形态由花瓣状逐渐演化为被球应力过渡带划分成的类双曲线形态,形成"两大两小"区域,即区域 A、区域 B 和区域 AA、区域 BB。从区域 AA→区域 A→区域 B→区域 BB,留巷围岩球应力逐渐降低。

(2)在沿空留巷段,顶底板塑性区轮廓线位于顶底板球应力过渡带内部,间距为 1～2 m,实体煤帮塑性区轮廓线位于实体煤帮球应力峰值位置内部,间距为 0.2～0.6 m。因此,球应力过渡带位于弹塑性交界面区域。球应力过渡带对留巷围岩中未破坏岩体起到"骨架支撑作用",进而对留巷围岩起到"保护作用"。

# 6 基于深部充填留巷围岩偏应力与球应力演化的非对称控制及应用

结合前文深部充填留巷围岩偏应力、球应力和塑性区时空演化规律的研究结果,探讨深部充填留巷围岩偏应力和球应力的时空关系。以邢东矿1126工作面沿空留巷为例,将留巷围岩偏应力、球应力和塑性区相结合进行研究,揭示留巷围岩真实应力分布和围岩破坏特征,探索依据三者的时空关系来指导巷道围岩支护,以此提出具有科学性和全面性的深部充填留巷围岩非对称控制技术。同时,对充填留巷围岩非对称支护结构进行力学分析,确定充填留巷非对称支护参数,并结合非对称支护数值模拟,形成深部充填留巷围岩协同控制的"三分区、三穿过、三覆盖、四位一体、五协同"原理方法,并成功应用于工程实践,为类似深部充填留巷围岩控制原理和方法的研究奠定基础。

## 6.1 充填留巷围岩偏应力和球应力分布特征对比

### 6.1.1 充填留巷围岩偏应力峰值和球应力峰值对比

深部充填留巷围岩偏应力和球应力演化规律分别在 3.2、5.2 进行了叙述,结合 3.2 和 5.2 的研究结果,得到了深部充填留巷围岩偏应力峰值位置和球应力峰值位置变化情况,数据对比如表 6-1 和表 6-2 所列。由于当工作面逐渐远离测面时(留巷段),顶底板球应力不存在峰值,此时对顶底板球应力过渡带位置(球应力过渡带边界线 B 的位置)进行监测。

表 6-1　顶底板对比

| 推进距离/m | 监测位置 | 球应力峰值位置/m | 偏应力峰值位置/m |
|:---:|:---:|:---:|:---:|
| 16 | R | 3.5 | 3.0 |
|  | F | 3.5 | 3.0 |
| 32 | R | 3.5 | 3.0 |
|  | F | 3.5 | 3.0 |
| 48 | R | 3.5 | 3.0 |
|  | F | 3.5 | 3.0 |

表 6-1(续)

| 推进距离/m | 监测位置 | 球应力峰值位置/m | 偏应力峰值位置/m |
|---|---|---|---|
| 64 | R | 3.5 | 3.5 |
| | F | 3.5 | 3.0 |
| 72 | R | 4.0 | 3.5 |
| | F | 3.5 | 3.5 |
| 96 | R | 14.0 | 13.5 |
| | F | 10.5 | 9.5 |
| 112 | R | 15.5 | 15.5 |
| | F | 11.5 | 10.0 |
| 120 | R | 15.5 | 15.5 |
| | F | 11.5 | 10.0 |
| 128 | R | 15.5 | 15.5 |
| | F | 11.5 | 10.0 |
| 160 | R | 15.5 | 15.5 |
| | F | 11.5 | 10.0 |

注:R 为巷道顶板;F 为巷道底板。

表 6-2  两帮对比

| 推进距离/m | 监测位置 | 球应力峰值位置/m | 偏应力峰值位置/m |
|---|---|---|---|
| 16 | E | 10.0 | 2.8 |
| | M | 10.0 | 3.0 |
| 32 | E | 9.5 | 3.0 |
| | M | 10.0 | 3.0 |
| 48 | E | 8.5 | 3.0 |
| | M | 9.0 | 3.0 |
| 64 | E | 6.5 | 3.5 |
| | M | 7.5 | 3.5 |
| 72 | E | 4.5 | 3.5 |
| | M | 4.0 | 3.5 |
| 96 | E | 4.0 | 3.5 |
| | B | 25.5 | 19.0 |

表 6-2(续)

| 推进距离/m | 监测位置 | 球应力峰值位置/m | 偏应力峰值位置/m |
|---|---|---|---|
| 112 | E | 4.0 | 4.0 |
|  | B | 21.5 | 8.5 |
| 120 | E | 4.0 | 4.0 |
|  | B | 21.5 | 8.5 |
| 128 | E | 4.0 | 4.0 |
|  | B | 21.5 | 8.5 |
| 160 | E | 4.0 | 4.0 |
|  | B | 21.5 | 8.5 |

注:E 为实体煤帮;M/B 为回采帮/充填体帮。

由表 6-1 可知,随工作面推进,工作面逐渐接近测面时,顶底板球应力峰值位置与顶底板偏应力峰值位置间距 0~0.5 m,前者不小于后者。工作面逐渐远离测面时,顶底板球应力过渡带位置也不小于顶底板偏应力峰值位置,其中在顶板间距 0~0.5 m,在底板间距 1~1.5 m。

由表 6-2 可知,随工作面推进,工作面逐渐接近测面时,实体煤帮和回采帮球应力峰值位置变化较大,分别由距巷道表面 10 m、10 m 降低至 4.5 m、4 m,实体煤帮和回采帮偏应力峰值位置分别由距巷道表面 2.8 m、3 m 增加至 3.5 m、3.5 m,两帮球应力峰值位置大于两帮偏应力峰值位置。工作面逐渐远离测面时,两帮球应力峰值位置不小于两帮偏应力峰值位置,其中在实体煤帮间距 0~0.5 m,在充填体帮间距约为 13 m。

综上,深部充填留巷围岩球应力峰值位置(实体煤帮)或球应力过渡带位置(顶底板)不小于偏应力峰值位置。

### 6.1.2 充填留巷围岩偏应力和球应力分布云图对比

图 6-1 为工作面推进 160 m(即工作面回采结束)留巷围岩偏应力和球应力分布云图。由图 6-1 可以看出,偏应力和球应力拓展方位不一样。

(1)偏应力分布

以偏应力峰值带划分区域 C 和区域 D,区域 C 位于偏应力峰值带外部,区域 D 位于偏应力峰值带内部且凹向于采空区,偏应力分布具有"非对称半包围性",其中区域 C 中岩体处于稳定状态,区域 D 中岩体处于稳定和不稳定过渡状态,控制区域 D 中不稳定岩体的稳定是实现留巷稳定的关键。

(2)球应力分布

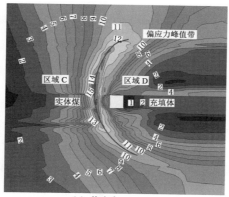

(a) 偏应力

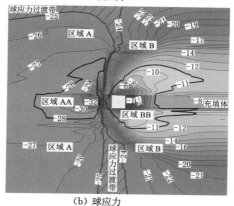

(b) 球应力

图 6-1 工作面推进 160 m 围岩偏应力和球应力分布云图(单位:MPa)

以球应力过渡带划分区域 A 和区域 B,区域 A 凹向实体煤,区域 B 凹向采空区,区域 A 和区域 B 具有"非对称包围性",区域 AA 和区域 BB 也具有非对称性,区域 AA 是球应力值较大区域,区域 BB 是球应力值较小区域。

当工作面逐渐远离测面时,由前文分析可知:顶底板球应力过渡带位置不小于顶底板偏应力峰值带位置,间距 0~1.5 m;实体煤帮球应力峰值位置不小于实体煤帮偏应力峰值带位置,间距 0~0.5 m。因此,偏应力峰值带位于顶底板球应力过渡带内部、实体煤帮球应力峰值位置内部及闭合小区域 BB 外部。

由实体煤帮偏应力和球应力峰值位置距巷道表面均为 4 m 可知,距实体煤帮表面大于 4 m 的岩体处于稳定状态。同时,实体煤帮破坏范围大于 3 m,已超过常规锚杆支护作用范围,需采用帮锚索支护形式,以提高实体煤帮围岩支护强度。

## 6.2 充填留巷围岩非对称支护结构

### 6.2.1 充填留巷围岩"三位一体＋非对称支护"系统

根据前文对邢东矿深部充填留巷围岩偏应力、球应力和塑性区时空演化规律及其时空关系的研究结果可知：

在沿空留巷段，顶底板偏应力峰值带位于顶底板球应力过渡带内部，间距0～1.5 m，实体煤帮偏应力峰值带位于实体煤帮球应力峰值内部，间距0～0.5 m；顶底板塑性区轮廓线位于顶底板球应力过渡带内部，间距1～2 m，实体煤帮塑性区轮廓线位于实体煤帮球应力峰值位置内部，间距0.2～0.6 m。偏应力峰值带和破坏岩体中的球应力过渡带均位于弹塑性交界面区域。

综上，当深部充填开采工作面推进距离大于工作面长度后，随工作面继续推进，留巷围岩偏应力峰值带、球应力过渡带及塑性区轮廓线形成图6-2所示的"三位一体"空间位置关系。

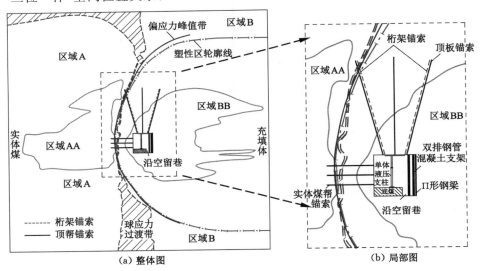

图 6-2 "三位一体＋非对称支护"系统

由图6-2可知：

（1）球应力过渡带分布

在沿空留巷浅部围岩，球应力过渡带位于弹塑性交界面区域；在沿空留巷深部围岩，球应力过渡带位于未破坏岩体中。球应力过渡带将留巷围岩划分为区域 A 和区域 B,区域 A 和区域 B 具有"非对称包围性",呈类双曲线分布形态。同时,在两个大区域中各自包含一个闭合的小区域,即区域 AA 和区域 BB,小区域间也具有非对称性。各个区域始终位于留巷围岩中,留巷围岩具有明显的分区特征。

(2) 偏应力峰值带分布

偏应力峰值带位于留巷围岩的应力集中区,其中顶底板偏应力峰值带位于球应力过渡带内部,实体煤帮偏应力峰值带位于球应力峰值位置内部,偏应力峰值带位于弹塑性交界面区域。

(3) 塑性区轮廓线分布

塑性区轮廓线以半椭球状分布于留巷围岩中,顶板中部围岩塑性区范围为 13.5 m(工作面推进 160 m)。塑性区轮廓线位于偏应力峰值带附近。

据此,得到邢东矿深部充填留巷围岩偏应力、球应力及塑性区的"三位一体"空间位置关系。可见,若知道偏应力峰值带、球应力过渡带及塑性区轮廓线其中之一,就能大致得到其余两个的空间位置。根据深部充填留巷围岩偏应力、球应力和塑性区的空间位置关系,可以全面了解深部充填留巷围岩偏应力和球应力分布及围岩破坏状态,从而可采用多指标和多手段(偏应力、球应力和塑性区三大指标和手段)来指导留巷支护设计。

工作面开挖并及时充填采空区后,围岩在偏应力的作用下会产生剪切破坏,加之深部巷道处于高地应力环境中,会导致留巷围岩条件进一步恶化,其围岩强度降低,体积增大,进而产生膨胀变形并向巷道自由面挤出,产生顶板冒落、垮帮、底鼓等现象,严重影响巷道的整体稳定。因此,要实现对留巷围岩稳定性控制,就要采取合理的支护结构,以减少偏应力及其产生的剪切破坏对留巷围岩的破坏作用。

根据数值模拟结果、邢东矿生产地质条件及工程实践,认为 1126 运料巷受采动影响时,其维护难点如下:

(1) 回采帮由实体煤变成充填体,巷道围岩偏应力峰值从实体煤时 12.6 MPa 快速下降到充填体时 0.41 MPa,下降达 12.19 MPa,偏应力快速下降。同时,巷道围岩球应力峰值从实体煤时 30.4 MPa 迅速降低至充填体时 0.26 MPa,下降达 30.14 MPa,球应力也出现迅速下降。

(2) 随工作面推进,偏应力峰值带逐渐转移至顶底帮角(实体煤侧)和实体煤帮,巷道顶板岩层(从充填体侧到实体煤侧)偏应力呈非对称分布。球应力过渡带将留巷围岩球应力分布划分为类双曲线分布形态,形成"两大两小"分区特征,大分区间和小分区间的球应力分布也呈非对称分布。由于充填体强度低,充填体不能及时对顶板产生有效支撑,且实体煤帮自身的力学性能及对顶板的约束作用都要优于充填体,因此充填体侧顶板下沉量比实体煤帮顶板下沉量大,顶板非对称下沉明显。

(3)顶板和实体煤帮塑性区范围较大,且顶板塑性区呈非对称分布,因此很难找到适合锚杆索锚固的稳定区。同时,受本工作面回采影响,巷道变形破坏将会加剧乃至出现垮帮、冒顶等事故。

深部回采巷道布置于"三高一扰动"复杂地质力学环境中,岩体的自重应力和构造应力显著增加,回采巷道围岩具有非线性大变形、长期蠕变和高应力软岩等特点,同时充填留巷经历了本工作面掘进和回采及邻近工作面回采3次采动影响。因此,要保证充填留巷围岩长期稳定来实现工作面安全高效回采,就需要合理确定巷内基本支护、巷内加强支护以及巷旁支护,改善充填留巷围岩应力条件,以适应动压非线性大变形。

基于以上分析,要实现深部充填开采沿空留巷围岩在偏应力非对称、球应力非对称及塑性区非对称条件下的稳定性控制,首先需要控制偏应力峰值带以里不稳定岩体,其次对顶板及充填体侧进行重点加固,并实现在留巷过程中围岩的稳定。鉴于此,提出了充填留巷围岩非对称围岩控制技术,主要内容如下:

(1)充填体侧钢管混凝土支架支护

由数值模拟可知,充填体侧偏应力和球应力相对处于较低值,使得留巷围岩在高地应力的作用下,其顶板将会向充填体侧发生弯曲下沉变形,进而影响留巷整体稳定性。鉴于此,提出沿充填体侧布置双排钢管混凝土支架强力支护。钢管混凝土支架是向钢管中浇筑混凝土而形成的构件,通过混凝土来保障钢管材料性能的充分发挥,同时利用钢管的约束作用使混凝土处于三维受压状态,使其具有更高的抗压强度和抗变形能力,以适应深部充填开采留巷充填体侧围岩的支护要求。同时,对充填体临空侧采用Ⅱ形钢梁压经纬网护表结构,使充填体浅部围岩由二向受压状态调整为三向受压状态,以提高充填体帮承载能力。

(2)顶板高强度高预应力锚杆索、高预应力桁架锚索、双排钢管混凝土支架和单体液压支柱联合支护

虽然顶板塑性区较大,但仍能找到承载能力相对较高的区域,使锚索发挥较好的支护性能。针对顶板破坏范围较大的情况,采用锚杆索和桁架锚索联合支护的方式。实体煤侧顶锚索和桁架锚索采取倾斜方式布置,并穿过球应力过渡带、偏应力峰值带和塑性区轮廓线1.5 m,锚固在肩角稳定压缩区内;充填体侧顶锚索和桁架锚索也采取倾斜方式布置,并穿过区域BB;顶板中部锚索采用垂直方式布置,也穿过区域BB;靠近肩角的顶锚杆和帮锚杆采用倾斜方式布置。

桁架锚索使围岩形成整体结构,将单体锚索形成的"点支护"、桁架锚索形成的"整体支护"及浅部围岩形成的锚杆承载结构,共同形成预应力更高、范围更广的承载结构,可提高顶板支护强度,实现顶板岩层三向受压。通过现场实践可知,锚索能够满足留巷支护要求。此外,现场顶板锚杆锚固性能较好,说明顶板采用单体锚索和桁架锚索支护后,为锚杆锚固在较稳定区域创造了条件。

针对顶板塑性区非对称性和充填体侧、顶板中部锚索穿不过塑性区的实际情况,防止充填体侧顶板严重下沉,充填体侧采用双排钢管混凝土支架。同时,为防止局部顶板围岩劣化而发生冒顶垮塌事故,采取在运料巷中部附近支设单体液压支柱进行加强支护,实现支护一体化,保障顶板围岩稳定,防止顶板发生冒漏顶事故[180]。

(3) 实体煤帮高强度高预应力锚杆索支护

随工作面推进,偏应力峰值带逐渐转移至顶底帮角和实体煤帮,球应力过渡带位于偏应力峰值带附近。若要保持充填留巷围岩稳定,应实现偏应力峰值带以里不稳定岩体的稳定。

如前所述,靠近实体煤帮的顶锚索和桁架锚索要采取倾斜方式布置,因此底帮角和实体煤帮采用帮锚索整体偏向底帮角侧的布置方式,使帮锚索越过穿过球应力峰值带、球应力过渡带、偏应力峰值带和塑性区轮廓线,锚固在稳定压缩区内,同时靠近底板处,帮锚杆向下倾斜布置,从而帮锚索与帮锚杆共同构成支护体系。该支护体系可提高实体煤帮围岩强度和抗剪切破坏能力,增强实体煤帮承载能力,并保障其稳定。

综上所述,球应力过渡带、偏应力峰值带,塑性区轮廓线的"三位一体"空间位置关系可指导留巷支护设计,同时提出了非对称控制技术,形成了"三位一体+非对称支护"系统,如图6-2所示。

## 6.2.2  充填留巷围岩结构力学模型

### 6.2.2.1  力学模型

常规地质条件下充填工作面开采后,顶板基本不会产生垮落带,其结构形态以完整层状岩层为主,工作面亦不会出现明显的周期来压现象。邢东矿1126深部充填开采工作面所处的深部高地应力、大采高等复杂地质生产条件使得覆岩活动剧烈,提出的非对称支护体系和提高充填体力学性能与充填率可保障基本顶处于完整层状结构状态,为留巷创造良好的应力环境。根据非对称支护原理图及数值模拟结果,建立非均布受载充填体、巷旁钢管混凝土支架与弱结构煤帮协作支撑的深部充填沿空留巷围岩结构力学模型,如图6-3所示。

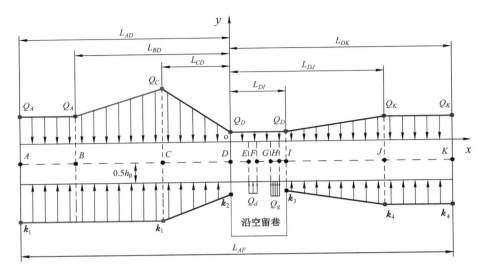

图 6-3  深部充填沿空留巷围岩结构力学模型

$$
\begin{cases}
\dfrac{\partial^4 \omega_{AB}(x)}{\partial x^4} + \dfrac{k_1}{EI}\omega_{AB}(x) = \dfrac{Q_A}{EI} & -L_{AD} < x < -L_{BD} \\[2mm]
\dfrac{\partial^4 \omega_{BC}(x)}{\partial x^4} + \dfrac{k_1}{EI}\omega_{BC}(x) = \dfrac{Q_x}{EI} & -L_{BD} < x < -L_{CD} \\[2mm]
\dfrac{\partial^4 \omega_{CD}(x)}{\partial x^4} + \dfrac{k_x}{EI}\omega_{CD}(x) = \dfrac{Q_x}{EI} & -L_{CD} < x < 0,\, Q_A < Q_x < Q_C \\[2mm]
\dfrac{\partial^4 \omega_{DE}(x)}{\partial x^4} = \dfrac{Q_D}{EI} & 0 < x < -L_{BD} \\[2mm]
\dfrac{\partial^4 \omega_{EF}(x)}{\partial x^4} = \dfrac{Q_D - Q_d}{EI} & L_{DE} < x < L_{DF} \\[2mm]
\dfrac{\partial^4 \omega_{FG}(x)}{\partial x^4} = \dfrac{Q_D}{EI} & L_{DF} < x < L_{DG} \\[2mm]
\dfrac{\partial^4 \omega_{GH}(x)}{\partial x^4} = \dfrac{Q_D - Q_g}{EI} & L_{DG} < x < L_{DH} \\[2mm]
\dfrac{\partial^4 \omega_{HI}(x)}{\partial x^4} - \dfrac{Q_D}{EI} & L_{DH} < x < L_{DI} \\[2mm]
\dfrac{\partial^4 \omega_{IJ}(x)}{\partial x^4} + \dfrac{k_x}{EI}\omega_{IJ}(x) = \dfrac{Q_x}{EI} & L_{DI} < x < L_{DJ},\, Q_D < Q_x < Q_K \\[2mm]
\dfrac{\partial^4 \omega_{JK}(x)}{\partial x^4} + \dfrac{k_4}{EI}\omega_{JK}(x) = \dfrac{Q_K}{EI} & L_{DJ} < x < L_{DK}
\end{cases}
\tag{6-1}
$$

在图 6-3 中,梁共划分为 10 段,长度分别为 $L_{AB}$、$L_{BC}$、$L_{CD}$、$L_{DE}$、$L_{EF}$、$L_{FG}$、

$L_{GH}$、$L_{HI}$、$L_{IJ}$ 及 $L_{JK}$，留巷宽度 $L_{DI}=L_{DE}+L_{EF}+L_{FG}+L_{GH}+L_{HI}$，$h_0$ 为梁的厚度，$Q_A$、$Q_C$、$Q_D$、$Q_J$、$Q_K$ 均为上覆岩层载荷，$Q_g$ 为钢管混凝土支架提供的均布载荷，$Q_d$ 为单体支柱提供的均布载荷。一般情况下，基本顶下伏直接顶、煤层和充填体均可变形，它们的刚度均小于基本顶的刚度，特别是基本顶下伏的煤层和充填体厚度较大时，煤层和充填体的刚度远小于基本顶刚度，此时基本顶显然不满足固支边界，而更满足可变形边界[181]。考虑深部开采条件下的可变形边界，留巷深部围岩可近似满足温克尔(Winkler)弹性地基假设，而留巷浅部围岩所处环境较复杂且承载力较小，其受载力看成线性分布。图中 $k_1$ 为深部稳定煤体的弹性地基系数，浅部实体煤(弱结构煤帮)受载力看成线性分布；$k_4$ 为深部稳定充填体的弹性地基系数，浅部充填体受载力看成线性分布，按平面应变问题对梁结构力学模型进行分析研究。建立如图 6-3 所示坐标系，针对每一段分别列出挠曲线微分方程，如式(6-1)所示。

### 6.2.2.2　连续条件

（1）AB 和 BC 两段的交界截面 B 处

$$\omega_{AB}(-L_{BD})=\omega_{BC}(-L_{BD})$$
$$\omega'_{AB}(-L_{BD})=\omega'_{BC}(-L_{BD})$$
$$\omega''_{AB}(-L_{BD})=\omega''_{BC}(-L_{BD})$$
$$\omega'''_{AB}(-L_{BD})=\omega'''_{BC}(-L_{BD})$$
(6-2)

（2）BC 和 CD 两段的交界截面 C 处

$$\omega_{BC}(-L_{CD})=\omega_{CD}(-L_{CD})$$
$$\omega'_{BC}(-L_{CD})=\omega'_{CD}(-L_{CD})$$
$$\omega''_{BC}(-L_{CD})=\omega''_{CD}(-L_{CD})$$
$$\omega'''_{BC}(-L_{CD})=\omega'''_{CD}(-L_{CD})$$
(6-3)

（3）CD 和 DE 两段的交界截面 D 处

$$\omega_{CD}(0)=\omega_{DE}(0)$$
$$\omega'_{CD}(0)=\omega'_{DE}(0)$$
$$\omega''_{CD}(0)=\omega''_{DE}(0)$$
$$\omega'''_{CD}(0)=\omega'''_{DE}(0)$$
(6-4)

（4）DE 和 EF 两段的交界截面 E 处

$$\omega_{DE}(L_{DE})=\omega_{EF}(L_{DE})$$
$$\omega'_{DE}(L_{DE})=\omega'_{EF}(L_{DE})$$
$$\omega''_{DE}(L_{DE})=\omega''_{EF}(L_{DE})$$
$$\omega'''_{DE}(L_{DE})=\omega'''_{EF}(L_{DE})$$
(6-5)

（5）$EF$ 和 $FG$ 两段的交界截面 $F$ 处

$$\omega_{EF}(L_{DF})=\omega_{FG}(L_{DF})$$
$$\omega'_{EF}(L_{DF})=\omega'_{FG}(L_{DF})$$
$$\omega''_{EF}(L_{DF})=\omega''_{FG}(L_{DF})$$
$$\omega'''_{EF}(L_{DF})=\omega'''_{FG}(L_{DF})$$

(6-6)

（6）$FG$ 和 $GH$ 两段的交界截面 $G$ 处

$$\omega_{FG}(L_{DG})=\omega_{GH}(L_{DG})$$
$$\omega'_{FG}(L_{DG})=\omega'_{GH}(L_{DG})$$
$$\omega''_{FG}(L_{DG})=\omega''_{GH}(L_{DG})$$
$$\omega'''_{FG}(L_{DG})=\omega'''_{GH}(L_{DG})$$

(6-7)

（7）$GH$ 和 $HI$ 两段的交界截面 $H$ 处

$$\omega_{GH}(L_{DH})=\omega_{HI}(L_{DH})$$
$$\omega'_{GH}(L_{DH})=\omega'_{HI}(L_{DH})$$
$$\omega''_{GH}(L_{DH})=\omega''_{HI}(L_{DH})$$
$$\omega'''_{GH}(L_{DH})=\omega'''_{HI}(L_{DH})$$

(6-8)

（8）$HI$ 和 $IJ$ 两段的交界截面 $I$ 处

$$\omega_{HI}(L_{DI})=\omega_{IJ}(L_{DI})$$
$$\omega'_{HI}(L_{DI})=\omega'_{IJ}(L_{DI})$$
$$\omega''_{HI}(L_{DI})=\omega''_{IJ}(L_{DI})$$
$$\omega'''_{HI}(L_{DI})=\omega'''_{IJ}(L_{DI})$$

(6-9)

（9）$IJ$ 和 $JK$ 两段的交界截面 $J$ 处

$$\omega_{IJ}(L_{DJ})=\omega_{JK}(L_{DJ})$$
$$\omega'_{IJ}(L_{DJ})=\omega'_{JK}(L_{DJ})$$
$$\omega''_{IJ}(L_{DJ})=\omega''_{JK}(L_{DJ})$$
$$\omega'''_{IJ}(L_{DJ})=\omega'''_{JK}(L_{DJ})$$

(6-10)

6.2.2.3  边界条件

$$\begin{cases}\begin{cases}\omega_{AB}(-L_{AD})=Q_A/k_1\\ \omega'_{AB}(-L_{AD})=0\end{cases}\\\begin{cases}\omega'''_{JK}(L_{DK})=0\\ \omega'_{JK}(L_{DK})=0\end{cases}\end{cases}$$

(6-11)

通过式（6-2）到式（6-11）求得：

$$\omega_{AB}(x)\sim\omega_{JK}(x);\omega''_{AB}(x)\sim\omega''_{JK}(x);\omega'''_{AB}\sim\omega'''_{JK}(x)$$

由于求解过程极其复杂，故根据邢东矿具体地质条件，随工作面充填，将实际参数代入计算公式中,得到不同充填步距下,充填留巷顶板的剪应力分布规律,如图 6-4 所示。

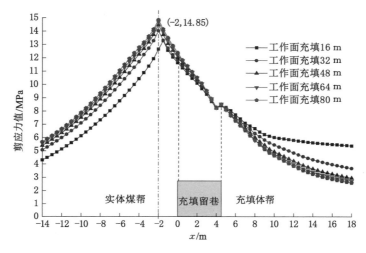

图 6-4  深部充填留巷顶板剪应力分布曲线

由图 6-4 可知,不同充填步距条件下,剪应力峰值位于充填留巷顶帮角处(实体煤侧),剪应力峰值位置横坐标距充填留巷表面位置约 2 m 处,说明留巷未布置在剪应力峰值位置,为充填留巷维护创造了有利的条件。沿横坐标方向,由接近充填留巷到远离充填留巷,剪应力分布趋势是先迅速增加至峰值,后迅速下降,其中位于横坐标 4～4.5 m 处的剪应力出现了升高现象(钢管混凝土支架与充填体附近),即采用钢管混凝土支架后,钢管混凝土支架处顶板围岩剪应力低于附近的剪应力。同时,随充填步距增加,剪应力峰值位置逐渐增加。从实体煤侧到充填体侧,留巷顶板围岩剪应力具有非对称分布和非对称演化特征,实体煤侧剪应力较充填体侧大。

由顶板剪应力分布和围岩结构沿巷道轴线的非对称性可知,剪应力峰值位置和充填体侧顶板是顶板围岩稳定性控制的技术难点,要实现充填留巷围岩稳定性,需要将充填留巷顶帮角(实体煤侧)处的顶板锚索和桁架锚索采用倾斜方式布置,并使锚索穿过剪应力峰值带,锚固在深部稳定岩体中。同时,充填体侧采用钢管混凝土支架,与充填体和充填留巷中部布置的单体支柱形成协同控制,一同承载顶板岩层载荷。顶板采用的非对称支护形式,能有效减小顶板应力分布的非对称性,并限制顶板岩层的非对称变形,保障充填留巷顶板岩层整体稳定性。

# 6.3 充填留巷围岩非对称支护参数

### 6.3.1 非对称支护参数确定

通过以上研究,并结合邢东矿生产实际,确定邢东矿 1126 深部充填留巷联合支护方案如图 6-5 所示。

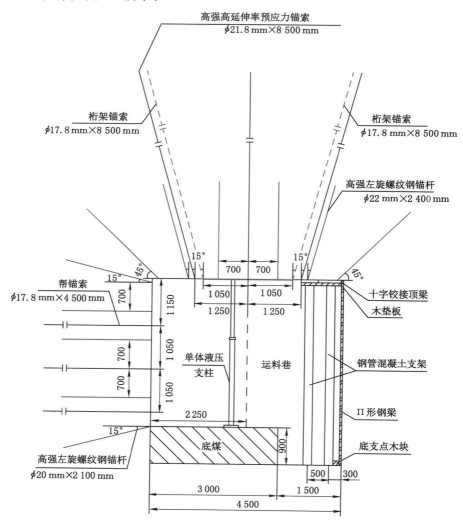

图 6-5 留巷支护示意图

（1）顶板联合支护

顶锚杆选用 $\phi22$ mm×2 400 mm 高强左旋螺纹钢锚杆，一排布置 7 根锚杆，锚杆间排距 700 mm×800 mm，两帮侧第一根顶锚杆距两帮均为 150 mm 且与垂直方向夹角为 45°，两帮侧第二根顶锚杆距两帮均为 850 mm 且与垂直方向夹角为 15°，其余顶锚杆均垂直于顶板布置。顶锚杆间采用由 $\phi14$ mm 圆钢一次轧制成型的 4 500 mm×80 mm（长×宽）钢筋梯子梁连接，并辅以 $\phi6$ mm 菱形金属网护表。顶锚杆使用一卷 S2360 和一卷 Z2360 进行锚固，锚固长度为 800 mm，预紧力矩不低于 180 N·m。

顶锚索选用 $\phi21.8$ mm×8 500 mm 高强度高延伸率预应力锚索，其延伸率为 7%，一排布置 3 根锚索，锚索间排距 1 250 mm×1 600 mm，两帮侧锚索距两帮均为 1 000 mm 且与垂直方向夹角为 15°，并通过长度为 2 600 mm 的 14# 槽钢沿巷道轴向方向两两连接起来，呈迈步方式布置，中间单体锚索垂直于顶板单独布置。顶锚索使用一卷 S2360 和两卷 Z2360 进行锚固，锚固长度为 1 200 mm，预紧力不低于 160 kN。

桁架锚索选用 $\phi17.8$ mm×8 500 mm 高强度高延伸率预应力锚索，其延伸率为 7%，桁架锚索排距 4 800 mm，底部跨度为 2 100 mm，锚索距两帮均为 1 200 mm 且与垂直方向夹角为 15°。锚索使用一卷中速树脂药卷锚固，锚固长度为 1 200 mm，预紧力不低于 140 kN。考虑到顶板塑性区深度较大，为防止充填留巷中部顶板出现较大下沉量而影响巷道的稳定性，采用在巷道中部附近增加单体液压支柱的加固方法，其排距为 1 200 mm。

（2）实体煤帮支护

帮锚杆选用 $\phi20$ mm×2 100 mm 高强左旋螺纹钢锚杆，一排布置 6 根锚杆，锚杆间排距 700 mm×800 mm，最上部锚杆距顶板 100 mm 且向上倾斜 15°，最下部锚杆紧贴底煤布置且向下倾斜 15°，其余锚杆均垂直于实体煤帮布置，锚杆间采用由 $\phi14$ mm 圆钢一次轧制成型的 3 600 mm×80 mm（长×宽）钢筋梯子梁连接，并辅以 $\phi6$ mm 菱形金属网护表。帮锚杆使用一卷 S2360 和一卷 Z2360 进行锚固，锚固长度为 800 mm，预紧力矩不低于 140 N·m。

帮锚索选用 $\phi17.8$ mm×4 500 mm 高强度高延伸率预应力锚索，其延伸率为 7%，沿顶板到底板方向，第一个帮锚索距顶板 1 150 mm，第二个帮锚索距顶板 2 200 mm，第三个帮锚索距底煤 350 mm，帮锚索之间呈三花布置，均垂直于实体煤帮布置，其间排距为 1 050 mm×1 600 mm，沿走向方向上用钢筋梯子梁连接。帮锚索使用一卷 S2360 和两卷 Z2360 进行锚固，锚固长度为 1 200 mm，预紧力不低于 140 kN。

（3）充填体帮支护

1126充填开采工作面巷旁支护采用双排6寸钢管混凝土支架,间排距500 mm×700 mm,呈三花布置,紧邻充填体帮的钢管混凝土支架距充填体距离为300 mm,钢管混凝土支架中注入强度为C40的混凝土。布置钢管混凝土支架是在高水材料充填采空区后,先对靠近充填体侧巷道底煤进行清理,同时对充填体的临空侧采用Ⅱ形钢梁+金属网进行护表。Ⅱ形钢梁上部通过钢管混凝土支架顶部布置的木垫板和十字铰接顶梁进行固定,下部通过钢管混凝土支架与Ⅱ形钢梁之间的底支点木块进行固定。选用的十字铰接顶梁长度为700 mm,靠近充填体侧沿垂直于留巷轴向布置,远离充填体侧沿平行于巷道轴向布置,共同构成双排钢管混凝土支架强力支护系统,进而与充填体形成巷旁协同控制。

### 6.3.2 非对称支护数值模拟分析

选取合理的支护参数,能使预应力锚杆索在围岩中产生整体连续的有效压应力区,进而形成主动支护预应力场,并通过护表构件实现均衡锚杆索受力,减轻锚杆索尾部应力集中,扩大预应力场的作用范围,增强预应力场的扩散效果,形成深、浅部连接的预应力承载结构。巷道围岩支护预应力场的形成,可将处于二向受压状态的围岩调整为三向受压状态,控制应力场内围岩松动变形与破坏,减弱开挖巷道时产生的卸荷影响,从而改善围岩的受力状态。同时,可抑制围岩的拉伸、剪切和弯曲破坏,提高留巷围岩的稳定性。

图6-6是以0.02 MPa等值线为有效压应力界限时[182],根据邢东矿1126深部充填留巷非对称支护参数,采用FLAC3D模拟得到的沿留巷断面、沿顶底板中部平行于留巷轴向和沿两帮中部平行于留巷轴向方向上的留巷支护预应力场分布。

图6-6(a)中,顶板有效压应力分布形似矩形,而实体煤帮有效压应力分布形似正方形,顶帮角(实体煤侧、充填体侧)和底帮角(实体煤侧)锚杆的倾斜布置扩大了留巷表面的应力场宽度。整体上看,在锚杆索作用下形成的留巷断面支护预应力场呈非对称分布,顶板和实体煤帮形成连续的压应力区域。顶板和实体煤帮锚杆索在浅部围岩形成连续的"拱形状"承载结构,最小应力值为0.1 MPa,此区域压应力值增加幅度大,增速快,等值线分布较密集;浅部"拱形状"承载结构范围外,应力值逐渐减小,但应力范围逐渐扩张。预应力场顶端和左端为压应力区与锚索锚固端拉应力区的交界面,预应力场顶端的有效压应力界限呈明显的波浪形,锚固端为波峰,锚索间中部为波谷;预应力场左端的有效压应力界限呈类直线形态。

图6-6(b)和图6-6(c)分别为沿顶底板中部平行于留巷轴向和沿两帮中部平行于留巷轴向的预应力场分布。可知,锚杆索沿留巷轴向方向形成了扩散效

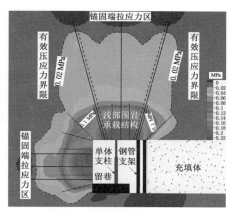

（a）留巷断面

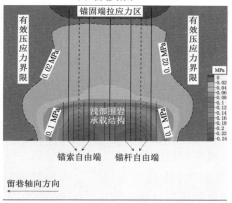

（b）沿顶底板中部平行于留巷轴向

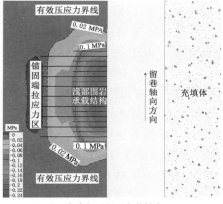

（c）沿两帮中部平行于留巷轴向

图 6-6　留巷支护预应力场分布

果良好的主动支护预应力场,其中顶板和实体煤帮锚索上部是锚固端拉应力和无效压应力区。接近浅部围岩时,岩体由受拉转变为受压,在拉压交界面处的有效压应力界限呈类直线形态;向下接近时,压应力值逐渐增加,增加至 0.1 MPa 压应力等值线时,顶板和实体煤帮锚杆索在浅部围岩形成连续的"矩形状"承载结构,此区域分布特征同图 6-6(a)中浅部"拱形状"承载结构。

由充填留巷支护预应力场分布可知,锚索将浅部围岩承载结构与深部围岩相连,充分利用围岩自身的承载能力,形成范围更广的支护预应力场,提高了预应力承载结构的稳定性,进而形成深、浅部连接的较大范围高稳定性围岩承载结构。

将偏应力峰值带、球应力过渡带和塑性区轮廓线非对称分布所形成的"三位一体"空间位置关系,与留巷非对称支护预应力场的有效压应力界限(即 0.02 MPa 有效压应力等值线)进行分布特征对比,得到有效压应力界限位于偏应力峰值带、球应力过渡带(破坏岩体中)和塑性区轮廓线的外部,越过了"三位一体"空间位置,即有效压应力界限将三者"覆盖"。

# 6.4　充填留巷围岩协同控制的原理方法

（1）充填留巷围岩偏应力、球应力和塑性区各自形成分区:"三分区"。

① 充填留巷围岩偏应力分区:以偏应力峰值带划分区域 C 和区域 D,区域 C 位于偏应力峰值带外部,区域 D 位于偏应力峰值带内部且凹向采空区,偏应力分布具有"非对称半包围性"。

② 充填留巷围岩球应力分区:以球应力过渡带划分区域 A 和区域 B,区域 A 凹向实体煤,区域 B 凹向采空区,区域 A 和区域 B 具有"非对称包围性",呈类双曲线分布形态。同时,在两个大区域中各自包含一个闭合的小区域,即区域 AA 和区域 BB,其间也具有非对称性。

③ 充填留巷围岩塑性区分区:以塑性区轮廓线划分未破坏区域和破坏区域(塑性区),未破坏区域位于塑性区轮廓线外部,破坏区域(塑性区)位于塑性区轮廓线内部,留巷围岩塑性区呈非对称分布形态。

（2）实体煤侧顶锚索和桁架锚索与实体煤帮锚索布置形式:"三穿过"。

由充填留巷围岩偏应力、球应力和塑性区时空演化规律可知:偏应力峰值带逐渐转移至顶底帮角(实体煤侧)和实体煤帮,巷道顶板岩层(从充填体侧到实体煤侧)偏应力呈非对称分布;球应力过渡带将留巷围岩球应力分布划分为类双曲线分布形态,形成"两大两小"分区特征,大分区间和小分区间的球应力分布也呈非对称分布;顶板和实体煤帮塑性区范围较大,留巷围岩塑性区呈非对称分布。

基于充填留巷围岩偏应力、球应力和塑性区非对称分布特征,实体煤侧顶锚索和桁架锚索采取倾斜方式布置,并穿过偏应力峰值带、球应力过渡带和塑性区轮廓线,锚固在肩角稳定压缩区内,且实体煤帮锚索也穿过偏应力峰值带、球应力过渡带(破坏岩体中)和塑性区轮廓线,锚固在稳定压缩区内,即实体煤侧顶锚索和桁架锚索与实体煤帮锚索均穿过"三者",实现"三穿过"。

(3)有效压应力与偏应力、球应力和塑性区空间关系:"三覆盖、四位一体"。

通过6.3中充填留巷围岩非对称支护模拟分析可知,充填留巷支护预应力场的有效压应力界限(即0.02 MPa有效压应力等值线)在三维状态下形似壳体包裹于顶板和实体煤帮,将其称为有效压应力壳。有效压应力壳应越过偏应力峰值带、球应力过渡带(破坏岩体中)和塑性区轮廓线,位于"三者"的外部,"三者"形似被有效压应力壳分别覆盖,从而形成由有效压应力壳、偏应力峰值带、球应力过渡带和塑性区轮廓线构成的"四位一体"空间位置关系。

(4)锚杆索、桁架锚索、钢管混凝土支架、单体支柱和充填体协同控制:"五协同"。

顶板中单体锚索形成的点支护、桁架锚索形成的整体支护和浅部围岩形成的锚杆承载结构与帮锚索、帮锚杆形成的实体煤帮支护体系,共同构成预应力更高、范围更广的承载结构,可提高留巷围岩支护强度,实现围岩三向受压。根据顶板锚索和桁架锚索各自的对称型支护形式对偏应力非对称、球应力非对称和塑性区非对称分布较难适应,以及充填体侧顶板锚索和顶板中部锚索穿不过塑性区的实际情况,提出充填体侧采用双排强力大刚度钢管混凝土支架和运料巷中部附近支设单体液压支柱分别进行加强支护,实现巷内支护与巷旁支护形成协同控制,钢管混凝土支架协助巷内支护共同维护和控制留巷围岩稳定。同时,随充填材料充入采空区,钢管混凝土支架和充填体协同控制过程经历了3个阶段,首先是钢管混凝土支架对顶板支护起主导,充填体协同控制;然后是充填体对顶板支护作用逐渐增强,钢管混凝土支架协同控制;最后钢管混凝土支架与充填体对顶板进行共同承载,两者形成有效的巷旁协同控制。最终锚杆索、桁架锚索、钢管混凝土支架、单体支柱和充填体实现协同控制,共同对充填留巷进行有效支护,保障充填留巷围岩稳定性。

由此形成了深部充填留巷围岩协同控制的"三分区、三穿过、三覆盖、四位一体、五协同"原理方法,即充填留巷围岩偏应力、球应力和塑性区具有各自的分区特征,实体煤侧顶锚索和桁架锚索与实体煤帮锚索均穿过偏应力峰值带、球应力过渡带(破坏岩体中)和塑性区轮廓线,且支护预应力场的有效压力壳覆盖偏应力峰值带、球应力过渡带(破坏岩体中)和塑性区轮廓线,从而形成由有效压应力壳、偏应力峰值带、球应力过渡带和塑性区轮廓线构成的"四位一体"空间位置关系,采用锚杆索、桁架锚索、钢管混凝土支架、单体支柱形成的强力联合支护与充填体一起实现协同控制,保障充填留巷围岩稳定。

# 6.5 现场工程试验

本节基于深部充填留巷非对称支护方案和深部充填留巷围岩协同控制的原理方法,开展高强度高预应力锚杆索、高预应力桁架锚索、强力大刚度钢管混凝土支架和单体液压支柱为一体的现场实践,进而验证非对称控制技术体系的可行性和实用性。

### 6.5.1 矿压观测方案和方法

#### 6.5.1.1 观测方案

为了解邢东矿 1126 深部充填工作面留巷支护方案和参数的效果,以工作面不同回采时期的留巷围岩移近量、钢管混凝土支架扎底量为指标,对充填留巷 $200\sim250$ m 段围岩支护状况和钢管混凝土支架受力状况进行分析。留巷观测方案见表 6-3。留巷中布置 3 个监测站,相邻监测站间距 20 m,其中留巷围岩移近量监测点和钢管混凝土支架扎底量监测点位于同一个监测站中,监测站布置如图 6-7 所示。

表 6-3  留巷观测方案

| 序号 | 监测内容 | 监测目的 | 测试工具 |
|---|---|---|---|
| 1 | 留巷围岩移近量 | 掌握矿压显现规律,分析留巷支护状况 | 测尺和测线 |
| 2 | 钢管混凝土支架扎底量 | 了解钢管混凝土支架受力状况 | 钢尺和小刀 |

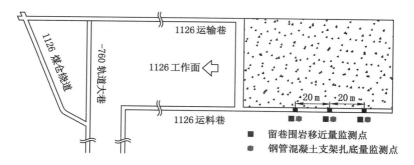

图 6-7  监测站布置图

6.5.1.2　观测方法

（1）留巷围岩移近量监测

图 6-8 为留巷围岩移近量监测断面布置。留巷围岩移近量包括顶底板移近量（实体煤侧顶底板移近量、充填体侧顶底板移近量、巷道中部顶底板移近量）和两帮移近量。监测断面布置和观测方法：① 顶底板和两帮分别安装长度为 0.4 m 的木桩，实体煤侧顶底板木桩（E、F）距实体煤帮 0.8 m，充填体侧顶底板木桩（M、N）距充填体帮 0.7 m，巷道中部顶底板木桩（A、B）距充填体帮 2.2 m，两帮木桩（C、D）距底板 2.25 m。② 顶底板移近量监测时均以两帮测线（CD）为基线，采用测尺分别测量顶板和底板到两帮测线的距离，从而得到顶底板移近量；两帮移近量监测时以巷道中部顶底板测线（AB）为基线，采用测尺分别测量实体煤帮和充填体帮到巷道中部顶底板测线的距离，从而得到两帮移近量。测量精度应达到 1 mm。③ 前期每天监测一次，后期每两天监测一次，同时均要测量监测断面距工作面的距离。

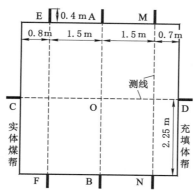

图 6-8　留巷围岩移近量监测断面布置图

（2）钢管混凝土支架扎底量监测

① 钢管混凝土支架的底部附近埋设 1 根充分扎底的锚杆，使其露出底板部分的长度大于 0.5 m，并尽量贴近钢管混凝土支架。② 布置完扎底锚杆后，用小刀在钢管混凝土支架与锚杆顶端齐平处画一道刻痕，作为钢管混凝土支架扎底量为零的标记，并保证刻痕清晰容易识别。留巷期间，用钢尺测量锚杆顶端与刻痕之间的距离，从而得到钢管混凝土支架扎底量。③ 与留巷围岩移近量监测频度相一致，即前期每天监测一次，后期每两天监测一次，同时均要测量钢管混凝土支架距工作面的距离。

### 6.5.2 矿压观测结果及分析

（1）充填留巷围岩移近量

巷道围岩移近量是反映巷道围岩稳定的综合指标，可以揭示巷道支护状况。图 6-9 为随工作面推进留巷顶底板移近量(实体煤侧顶底板移近量、充填体侧顶底板移近量、巷道中部顶底板移近量)变化曲线，图 6-10 为随工作面推进留巷两帮移近量变化曲线，图中每个点代表 3 个测站观测结果的平均值。

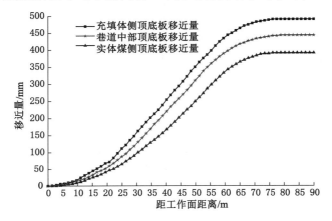

图 6-9　留巷期间顶底板移近量

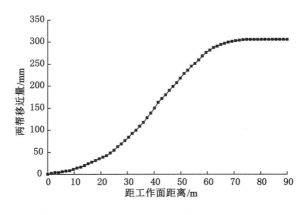

图 6-10　留巷期间两帮移近量

观测结果表明，顶底板和两帮移近量在工作面后方 0～10 m 变化较小。在工作面后方 10～20 m 开始逐渐增加，但增加幅度较小，充填体侧顶底板移近量最大值为 63 mm，巷道中部顶底板移近量最大值为 48 mm，实体煤侧顶底板移近量最大值为 41 mm,两帮移近量最大值为 39 mm。工作面后方 20 m 以后,顶底板和两帮移近量迅速增加,到工作面后方 60 m 左右才逐步趋于稳定,此时充填体侧顶底板移近量约为 432 mm,巷道中部顶底板移近量约为 393 mm,实体煤侧顶底板移近量约为 341 mm,两帮移近量约为 283 mm。工作面后方 60~70 m,顶底板和两帮移近量呈缓慢增加趋势。工作面后方 70 m 以后顶底板和两帮移近量趋于稳定,充填体侧顶底板移近量最大值为 490 mm,巷道中部顶底板移近量最大值为 443 mm,实体煤侧顶底板移近量最大值为 391 mm,两帮移近量最大值为 305 mm。顶底板移近量大于两帮移近量,充填体侧移近量大于实体煤侧移近量。

（2）钢管混凝土支架扎底量

图 6-11 为随工作面推进钢管混凝土支架扎底量变化曲线,图中每个点代表 3 个测站观测结果的平均值。

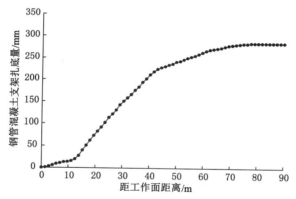

图 6-11 留巷期间钢管混凝土支架扎底量

观测结果表明,在工作面后方 10 m 左右时,钢管混凝土支架扎底量较小,钢管混凝土支架扎底速率较小;工作面后方 15~40 m,钢管混凝土支架扎底量迅速增加,钢管混凝土支架扎底速率较大,这表明此阶段钢管混凝土支架对留巷顶板起主要承载作用;工作面后方 40 m 之后扎底量和扎底速率逐渐趋缓,这表明此阶段充填体对留巷顶板逐渐起主要承载作用,导致扎底速度降低并趋缓。钢管混凝土支架扎底量直到工作面后方 70 m 后趋于稳定,最终扎底量为 285 mm。

根据邢东矿生产地质条件及现场工程实践,顶板采用 $\phi21.8$ mm×8 500 mm 的 $1×19$ 丝高强高延伸率预应力锚索,拉断载荷达 600 kN,延伸率为 7%。现场对锚索做拉拔试验,显示锚索拉断后锚固体并没有被拉出来,说明锚索锚固性能较好,锚索锚固区域的承载能力较强,同时锚索工作阻力达 382 kN,说明锚索能够满足留巷支护要求。顶板锚杆采用 $\phi22$ mm×2 400 mm 高强左旋螺纹钢锚杆,屈服载荷为 190 kN,拉断载荷为 254 kN,延伸率为 18%,通过拉拔力测试,锚杆拉断后锚固体没有被拉出,同时锚杆工作阻力达 161 kN,说明顶板采用单体锚索和桁架锚索支护后,为锚杆能够锚固在较稳定区域创造了条件。对帮锚索(拉断载荷 400 kN)和帮锚杆(拉断载荷 254 kN)做拉拔试验后,锚杆索拉断后锚固体均没有拉出来,锚索工作阻力达 241 kN,锚杆工作阻力达 153 kN,说明锚杆索支护效果较好。与此同时,运料巷中部附近支设的单体液压支柱没有出现压弯损毁现象。

通过现场工程试验可知,在 1126 深部充填工作面留巷过程中,留巷围岩整体稳定性较好,未出现钢管混凝土支架和单体液压支柱压弯损毁及锚杆索支护失效等现象,说明对深部充填留巷所提出的支护方案能够满足留巷期间巷道围岩稳定性控制,充填留巷非对称控制技术体系具有较好的可行性和实用性。

## 6.6　小结

基于深部充填留巷围岩球应力、偏应力和塑性区的空间位置关系,提出了深部充填留巷围岩非对称控制技术,并对充填留巷围岩非对称支护结构进行力学分析,形成了深部充填留巷围岩协同控制的原理方法,并通过工程实践验证了深部充填留巷围岩非对称控制技术的可行性。主要结论如下:

(1) 在沿空留巷段,顶底板偏应力峰值带位于顶底板球应力过渡带内部,间距为 0~1.5 m,实体煤帮偏应力峰值带位于实体煤帮球应力峰值内部,间距为 0~0.5 m。基于充填留巷围岩偏应力、球应力和塑性区时空演化规律及其时空关系得到了球应力过渡带、偏应力峰值带及塑性区轮廓线的"三位一体"空间位置关系。据此,提出了集高强度高预应力锚杆索、高预应力桁架锚索、钢管混凝土支架和单体液压支柱为一体的非对称支护技术,形成了"三位一体+非对称支护"系统。

(2) 基于邢东矿 1126 深部充填留巷围岩非对称支护参数,得到了留巷支护预应力场分布形态,锚索将浅部围岩承载结构与深部围岩相连,形成了范围更广的支护预应力场。留巷非对称支护预应力场的有效压应力壳位于偏应力峰值带、球应力过渡带(破坏岩体中)和塑性区轮廓线的外部,留巷围岩偏应力峰值带、球应力过渡带(破坏岩体中)和塑性区轮廓线均被有效压应力壳覆盖。

(3) 形成了深部充填留巷围岩协同控制的"三分区、三穿过、三覆盖、四位一体、五协同"原理方法,即充填留巷围岩偏应力、球应力和塑性区具有各自的分区特征,实体煤侧顶锚索和桁架锚索与实体煤帮锚索均穿过偏应力峰值带、球应力过渡带(破坏岩体中)和塑性区轮廓线,且支护预应力场的有效压力壳覆盖偏应力峰值带、球应力过渡带(破坏岩体中)和塑性区轮廓线,从而形成由有效压应力壳、偏应力峰值带、球应力过渡带和塑性区轮廓线构成的"四位一体"空间位置关系,采用锚杆索、桁架锚索、钢管混凝土支架、单体支柱形成的强力联合支护与充填体一起实现协同控制,保障充填留巷围岩稳定。

(4)在邢东矿 1126 深部充填工作面留巷过程中,留巷围岩整体稳定性较好,未出现钢管混凝土支架和单体液压支柱压弯损毁及锚杆索支护失效等现象,说明对充填留巷所提出的支护方案能够满足留巷期间巷道围岩稳定性控制,实现了工作面安全回采。

# 参 考 文 献

[1] 谢和平,高峰,鞠杨,等.深地煤炭资源流态化开采理论与技术构想[J].煤炭学报,2017,42(3):547-556.

[2] 谢和平.深部岩体力学与开采理论研究进展[J].煤炭学报,2019,44(5):1283-1305.

[3] 孙恒虎,赵炳利.沿空留巷的理论与实践[M].北京:煤炭工业出版社,1993.

[4] 张农,陈红,陈瑶.千米深井高地压软岩巷道沿空留巷工程案例[J].煤炭学报,2015,40(3):494-501.

[5] 夏志皋.塑性力学[M].上海:同济大学出版社,1991.

[6] 谢和平,彭苏萍,何满潮.深部开采基础理论与工程实践[M].北京:科学出版社,2006.

[7] 宋振骐.实用矿山压力控制[M].徐州:中国矿业大学出版社,1988.

[8] 姜福兴,宋振骐,宋扬.老顶的基本结构形式[J].岩石力学与工程学报,1993,12(4):366-379.

[9] 谭云亮.矿山压力与岩层控制[M].北京:煤炭工业出版社,2008.

[10] 钱鸣高.采场上覆岩层的平衡条件[J].中国矿业学院学报,1981,10(2):31-40.

[11] QIAN M G,MIAO X X,LI L J. Mechanical behaviour of main floor for water inrush in longwall mining[J]. Journal of China University of Mining and Technology,1995,5(1):9-16.

[12] 钱鸣高.采场上覆岩层岩体结构模型及其应用[J].中国矿业学院学报,1982,(2):1-11.

[13] CHIEN M G. A study of the behaviour of overlying strata in longwall mining and its application to strata control[M]//Proceedings of the symposium on strata mechanics. Amsterdam:Elsevier Scientific Publishing Company,1982:13-17.

[14] 钱鸣高,缪协兴,何富连.采场"砌体梁"结构的关键块分析[J].煤炭学报,1994,19(6):557-563.

[15] 康红普.煤矿井下应力场类型及相互作用分析[J].煤炭学报,2008,33(12):1329-1335.

[16] 康红普,王金华,高富强.掘进工作面围岩应力分布特征及其与支护的关系[J].煤炭学报,2009,34(12):1585-1593.

[17] 谢广祥.综放工作面及其围岩宏观应力壳力学特征[J].煤炭学报,2005,30(3):309-313.

[18] 谢广祥,杨科.采场围岩宏观应力壳演化特征[J].岩石力学与工程学报,2010,29(增刊1):2676-2680.

[19] 杨科,谢广祥.深部长壁开采采动应力壳演化模型构建与分析[J].煤炭学报,2010,35(7):1066-1071.

[20] XIE G X,CHANG J C,YANG K. Investigation on displacement field characteristics of tunnel's surrounding rock and coal seam at FMTC face [J]. Journal of coal science and engineering(China),2006,12(2):1-5.

[21] 谢广祥.采高对工作面及围岩应力壳的力学特征影响[J].煤炭学报,2006,31(1):6-10.

[22] 谢广祥,杨科,常聚才.非对称综放开采煤层三维应力分布特征及其层厚效应研究[J].岩石力学与工程学报,2007,26(4):775-779.

[23] 谢广祥,王磊.采场围岩应力壳力学特征的工作面长度效应[J].煤炭学报,2008,33(12):1336-1340.

[24] 杨科,谢广祥.采动裂隙分布及其演化特征的采厚效应[J].煤炭学报,2008,33(10):1092-1096.

[25] 谢广祥,王磊.采场围岩应力壳力学特征的岩性效应[J].煤炭学报,2013,38(1):44-49.

[26] 高延法,曲祖俊,牛学良,等.深井软岩巷道围岩流变与应力场演变规律[J].煤炭学报,2007,32(12):1244-1252.

[27] 刘金海,姜福兴,冯涛.C型采场支承压力分布特征的数值模拟研究[J].岩土力学,2010,31(12):4011-4015.

[28] 谢和平,于广明,杨伦,等.采动岩体分形裂隙网络研究[J].岩石力学与工程学报,1999,18(2):147-151.

[29] 蒋力帅,武泉森,李小裕,等.采动应力与采空区压实承载耦合分析方法研究[J].煤炭学报,2017,42(8):1951-1959.

[30] 蔡美峰.岩石力学与工程[M].北京:科学出版社,2002.

[31] AFROUZ A,HASSANI F P,SCOBLE M J. Geotechnical assessment of the bearing capacity of coal mine floors[J]. International journal of mining and geological engineering,1988,6(4):297-312.

[32] 马其华,徐恩虎,朱善德.我国煤矿锚杆支护技术的发展[J].中国矿业,

1997,6(5):47-51.

[33] 韩瑞庚.地下工程新奥法[M].北京:科学出版社,1987.

[34] BARTON N, GRIMSTAD E. Rock mass conditions dictate choice between NMT and NATM[J]. Tunnels and tunnelling,1944(10):39-42.

[35] AYDAN Ö,AKAGI T,KAWAMOTO T. The squeezing potential of rock around tunnels:Theory and prediction with examples taken from Japan [J]. Rock mechanics and rock engineering,1996,29(3):125-143.

[36] WILSON A H. The stability of tunnels in soft rock at rock at depth[C]// Proceedings conference on rock engineering. Newcastle:University Newcastle upon Tyne,1977.

[37] 李希勇,孙庆国,胡兆锋.深井高应力岩石巷道支护研究与应用[J].煤炭科学技术,2002,30(2):11-13.

[38] 陈宗基.地下巷道长期稳定性的力学问题[J].岩石力学与工程学报,1982, 1(1):1-20.

[39] 孔德森,薄福利,董桂刚.深部软岩巷道围岩稳定性分析与控制技术[M]. 北京:冶金工业出版社,2014.

[40] 于学馥,乔端.轴变论和围岩稳定轴比三规律[J].有色金属,1981(3): 8-15.

[41] 于学馥.轴变论与围岩变形破坏的基本规律[J].铀矿冶,1982,1(1):8-17.

[42] 冯豫.我国软岩巷道支护的研究[J].矿山压力与顶板管理,1990,7(2): 42-44.

[43] 陆家梁.松软岩层中永久洞室的联合支护方法[J].岩石工程学报,1986,8 (5):50-57.

[44] 郑雨天.岩石力学的弹塑粘性理论基础[M].北京:煤炭工业出版社,1988.

[45] 张合超.深部软岩巷道变形破坏特征及连续"双壳"支护实验研究[D].邯郸:河北工程大学,2016.

[46] 董方庭.巷道围岩松动圈支护理论及应用技术[M].北京:煤炭工业出版社,2001.

[47] 董方庭,宋宏伟,郭志宏,等.巷道围岩松动圈支护理论[J].煤炭学报, 1994,19(1):21-23.

[48] 詹平.高应力破碎围岩巷道控制机理及技术研究[D].北京:中国矿业大学(北京),2012.

[49] 方祖烈.拉压域特征及主次承载区的维护理论[C]//中国CSRM软岩工程专业委员会第二届学术大会论文集.北京:[出版者不详],1999.

[50] 侯朝炯,勾攀峰.巷道锚杆支护围岩强度强化机理研究[J].岩石力学与工程学报,2000,19(3):342-345.

[51] 柏建彪,侯朝炯.深部巷道围岩控制原理与应用研究[J].中国矿业大学学报,2006,35(2):145-148.

[52] 何满潮,谢和平,彭苏萍,等.深部开采岩体力学研究[J].岩石力学与工程学报,2005,24(16):2803-2813.

[53] 何满潮,吕晓俭,景海河.深部工程围岩特性及非线性动态力学设计理念[J].岩石力学与工程学报,2002,21(8):1215-1224.

[54] 康红普,王金华,林健.煤矿巷道锚杆支护应用实例分析[J].岩石力学与工程学报,2010,29(4):649-664.

[55] 康红普.煤巷锚杆支护成套技术研究与实践[J].岩石力学与工程学报,2005,24(21):3959-3964.

[56] 马念杰.煤巷锚杆支护新技术[M].徐州:中国矿业大学出版社,2006.

[57] DULACSKA H. Dowel action of reinforcement crossing cracks in concrete[J]. Am concrete inst journal and proceedings,1972,69(12):754-757.

[58] 李季.深部窄煤柱巷道非均匀变形破坏机理及冒顶控制[D].北京:中国矿业大学(北京),2016.

[59] 赵志强.大变形回采巷道围岩变形破坏机理与控制方法研究[D].北京:中国矿业大学(北京),2014.

[60] 陆士良,汤雷.巷道锚注支护机理的研究[J].中国矿业大学学报,1996,25(2):1-6.

[61] 刘长武,陆士良.锚注加固对岩体完整性与准岩体强度的影响[J].中国矿业大学学报,1999,28(3):221-224.

[62] 张广超,何富连.大断面综放沿空巷道煤柱合理宽度与围岩控制[J].岩土力学,2016,37(6):1721-1728.

[63] 袁亮,薛俊华,刘泉声,等.煤矿深部岩巷围岩控制理论与支护技术[J].煤炭学报,2011,36(4):535-543.

[64] 张农,王成,高明仕,等.淮南矿区深部煤巷支护难度分级及控制对策[J].岩石力学与工程学报,2009,28(12):2421-2428.

[65] 李季,马念杰,丁自伟.基于主应力方向改变的深部沿空巷道非均匀大变形机理及稳定性控制[J].采矿与安全工程学报,2018,35(4):670-676.

[66] 马念杰,赵希栋,赵志强,等.深部采动巷道顶板稳定性分析与控制[J].煤炭学报,2015,40(10):2287-2295.

[67] 康红普,牛多龙,张镇,等.深部沿空留巷围岩变形特征与支护技术[J].岩

石力学与工程学报,2010,29(10):1977-1987.

[68] 孙晓明,张国锋,蔡峰,等.深部倾斜岩层巷道非对称变形机制及控制对策[J].岩石力学与工程学报,2009,28(6):1137-1143.

[69] 张红军,李海燕,李术才,等.深部软岩巷道围岩变形机制及支护技术研究[J].采矿与安全工程学报,2015,32(6):955-962.

[70] 钱鸣高,许家林,缪协兴.煤矿绿色开采技术[J].中国矿业大学学报,2003,32(4):343-348.

[71] 许猛堂,张东升,马立强,等.超高水材料长壁工作面充填开采顶板控制技术[J].煤炭学报,2014,39(3):410-416.

[72] 缪协兴,张吉雄.井下煤矸分离与综合机械化固体充填采煤技术[J].煤炭学报,2014,39(8):1424-1433.

[73] 李猛,张吉雄,缪协兴,等.固体充填体压实特征下岩层移动规律研究[J].中国矿业大学学报,2014,43(6):969-973.

[74] 许家林,朱卫兵,李兴尚,等.控制煤矿开采沉陷的部分充填开采技术研究[J].采矿与安全工程学报,2006,23(1):6-11.

[75] 朱卫兵,许家林,赖文奇,等.覆岩离层分区隔离注浆充填减沉技术的理论研究[J].煤炭学报,2007,32(5):458-462.

[76] CULLEN M. Geotechnical studies of retreat pillar coal mining at mining at shallow depth[D]. Montreal:McGill University,2002.

[77] SINGH K B,SINGH T N. Ground movements over longwall workings in the Kamptee coalfield, India[J]. Engineering geology,1998,50(1/2):125-139.

[78] KNISSEL W. Underground mineral mining:mining method and associated backfill and rock mechanics[C]//Proceedings of 12th congress of world mining congress. [S.l.:s.n.],1984.

[79] 徐宝昌.水砂充填[M].北京:煤炭工业出版社,1956.

[80] 刘付高.细砂水砂非胶结充填法的研究与应用[J].世界采矿快报,2000(12):443-447.

[81] KESIMAL A,YILMAZ E,ERCIKDI B,et al. Effect of properties of tailings and binder on the short-and long-term strength and stability of cemented paste backfill[J]. Materials letters,2005,59(28):3703-3709.

[82] ERCIKDI B,KESIMAL A,CIHANGIR F,et al. Cemented paste backfill of sulphide-rich tailings:importance of binder type and dosage[J]. Cement and concrete composites,2009,31(4):268-274.

[83] 于润沧.我国胶结充填工艺发展的技术创新[J].中国矿山工程,2010,39(5):1-3.

[84] 缪协兴.综合机械化固体充填采煤技术研究进展[J].煤炭学报,2012,37(8):1247-1255.

[85] ZHANG J X,ZHOU N,HUANG Y L,et al.Impact law of the bulk ratio of backfilling body to overlying strata movement in fully mechanized backfilling mining[J].Journal of mining science,2011,47(1):73-84.

[86] 缪协兴,黄艳利,巨峰,等.密实充填采煤的岩层移动理论研究[J].中国矿业大学学报,2012,41(6):863-867.

[87] 郭振华,周华强,武龙飞,等.膏体充填工作面顶板及地表沉陷过程数值模拟[J].采矿与安全工程学报,2008,25(2):172-175.

[88] 崔增娣,孙恒虎.煤矸石凝石似膏体充填材料的制备及其性能[J].煤炭学报,2010,35(6):896-899.

[89] 冯光明,孙春东,王成真,等.超高水材料采空区充填方法研究[J].煤炭学报,2010,35(12):1963-1968.

[90] 冯光明,丁玉,朱红菊,等.矿用超高水充填材料及其结构的实验研究[J].中国矿业大学学报,2010,39(6):813-819.

[91] 冯光明,贾凯军,李凤凯,等.超高水材料开放式充填开采覆岩控制研究[J].中国矿业大学学报,2011,40(6):841-845.

[92] 许家林,轩大洋,朱卫兵,等.部分充填采煤技术的研究与实践[J].煤炭学报,2015,40(6):1303-1312.

[93] 许家林,尤琪,朱卫兵,等.条带充填控制开采沉陷的理论研究[J].煤炭学报,2007,32(2):119-122.

[94] 冯光明.超高水充填材料及其充填开采技术研究与应用[D].徐州:中国矿业大学,2009.

[95] 孙春东.超高水材料长壁充填开采覆岩活动规律及其控制研究[D].徐州:中国矿业大学,2012.

[96] 贾凯军.超高水材料袋式充填开采覆岩活动规律与控制研究[D].徐州:中国矿业大学,2015.

[97] 张明.超高水材料充填开采覆岩控制机理研究及应用[D].北京:中国矿业大学(北京),2013.

[98] 武精科,阚甲广,谢生荣,等.深井高应力软岩沿空留巷围岩破坏机制及控制[J].岩土力学,2017,38(3):793-800.

[99] 韩昌良,张农,钱德雨,等.大采高沿空留巷顶板安全控制及跨高比优化分

析[J].采矿与安全工程学报,2013,30(3):348-354.

[100] HUA X Z. Study on gob-side entry retaining technique with roadside packing in longwall top-coal caving technology[J]. Journal of coal science and engineering (China),2004,10(1):9-12.

[101] 张培森,林东才.沿空留巷技术研究[M].徐州:中国矿业大学出版社,2014.

[102] 陆士良.无煤柱区段巷道的矿压显现及适用性的研究[J].中国矿业学院学报,1980,9(4):1-22.

[103] WHITTAKER B N,WOODROW G J M. Design loads for gateside packs and support systems[J]. International journal of rock mechanics and mining sciences and geomechanics abstracts,1977,14(4):65.

[104] 周华强,侯朝炯,易宏伟,等.国内外高水巷旁充填技术的研究与应用[J].矿山压力与顶板管理,1991,8(4):2-6.

[105] 钱鸣高,石平五,许家林.矿山压力与岩层控制[M].2版.徐州:中国矿业大学出版社,2010.

[106] 钱鸣高,李鸿昌.采场上覆岩层活动规律及其对矿山压力的影响[J].煤炭学报,1982,7(2):1-12.

[107] 钱鸣高,张顶立,黎良杰,等.砌体梁的"S-R"稳定及其应用[J].矿山压力与顶板管理,1994,11(3):6-10.

[108] 钱鸣高,许家林.覆岩采动裂隙分布的"O"形圈特征研究[J].煤炭学报,1998,23(5):20-23.

[109] 钱鸣高,茅献彪,缪协兴.采场覆岩中关键层上载荷的变化规律[J].煤炭学报,1998,23(2):25-29.

[110] 钱鸣高,缪协兴,许家林.岩层控制中的关键层理论研究[J].煤炭学报,1996,21(3):2-7.

[111] 宋振骐,蒋宇静.采场顶板控制设计中几个问题的分析探讨[J].矿山压力与顶板管理,1986(1):1-9.

[112] 李迎富,华心祝,蔡瑞春.沿空留巷关键块的稳定性力学分析及工程应用[J].采矿与安全工程学报,2012,29(3):357-364.

[113] 陈勇.沿空留巷围岩结构运动稳定机理与控制研究[D].徐州:中国矿业大学,2012.

[114] 李化敏.沿空留巷顶板岩层控制设计[J].岩石力学与工程学报,2000,19(5):651-654.

[115] 朱川曲,张道兵,施式亮,等.综放沿空留巷支护结构的可靠性分析[J].煤

炭学报,2006,31(2):141-144.

[116] 侯朝炯,李学华.综放沿空掘巷围岩大、小结构的稳定性原理[J].煤炭学报,2001,26(1):1-7.

[117] 陈勇,柏建彪,王襄禹,等.沿空留巷巷内支护技术研究与应用[J].煤炭学报,2012,37(6):903-910.

[118] 张农,韩昌良,阚甲广,等.沿空留巷围岩控制理论与实践[J].煤炭学报,2014,39(8):1635-1641.

[119] 李胜,李军文,范超军,等.综放沿空留巷顶板下沉规律与控制[J].煤炭学报,2015,40(9):1989-1994.

[120] 武精科,阚甲广,谢福星,等.深井沿空留巷顶板变形破坏特征与控制对策研究[J].采矿与安全工程学报,2017,34(1):16-23.

[121] 张东升,马立强,冯光明,等.综放巷内充填原位沿空留巷技术[J].岩石力学与工程学报,2005,24(7):1164-1168.

[122] 张东升,茅献彪,马文顶.综放沿空留巷围岩变形特征的试验研究[J].岩石力学与工程学报,2002,21(3):331-334.

[123] 薛俊华,韩昌良.大采高沿空留巷围岩分位控制对策与矿压特征分析[J].采矿与安全工程学报,2012,29(4):466-473.

[124] 姜鹏飞,张剑,胡滨.沿空留巷围岩受力变形特征及支护对策[J].采矿与安全工程学报,2016,33(1):56-62.

[125] 张农,高明仕.煤巷高强预应力锚杆支护技术与应用[J].中国矿业大学学报,2004,33(5):524-527.

[126] 唐建新,邓月华,涂兴东,等.锚网索联合支护沿空留巷顶板离层分析[J].煤炭学报,2010,35(11):1827-1831.

[127] WHITTAKER B N, SINGH R N. Design and stability of pillar in longwall mining[J]. Mining engineer,1979(7):59-73.

[128] 龚鹏.深部大采高矸石充填综采沿空留巷围岩变形机理及应用[D].徐州:中国矿业大学,2018.

[129] SMART B G D, DAVIES D O. Application of the rock-strata-title approach to pack design in an arch-sharped roadway [J]. Mining engineer,1982,144(9):91-187.

[130] 胡明明,周辉,张勇慧,等.宽断面预留墩柱沿空留巷墩柱支护阻力计算研究[J].岩土力学,2018,39(11):4218-4225.

[131] 陈名强.巷旁支护带理想力学特性的探讨[J].焦作矿业学院学报,1988,7(增刊1):78-88.

[132] 周华强,侯朝炯,漆太岳.巷旁充填体控顶机理的相似材料模拟试验[J].矿山压力与顶板管理,1991,8(4):23-28.

[133] 何满潮,陈上元,郭志飚,等.切顶卸压沿空留巷围岩结构控制及其工程应用[J].中国矿业大学学报,2017,46(5):959-969.

[134] 李迎富,华心祝.沿空留巷围岩结构稳定性力学分析[J].煤炭学报,2017,42(9):2262-2269.

[135] 李迎富,华心祝.沿空留巷上覆岩层关键块稳定性力学分析及巷旁充填体宽度确定[J].岩土力学,2012,33(4):1134-1140.

[136] 孙恒虎.沿空留巷顶板活动机理与支护围岩关系新研究[D].徐州:中国矿业大学,1988.

[137] 郭育光,柏建彪,侯朝炯.沿空留巷巷旁充填体主要参数研究[J].中国矿业大学学报,1992,21(4):4-14.

[138] 柏建彪,周华强,侯朝炯,等.沿空留巷巷旁支护技术的发展[J].中国矿业大学学报,2004,33(2):183-186.

[139] 涂敏.沿空留巷顶板运动与巷旁支护阻力研究[J].辽宁工程技术大学学报(自然科学版),1999,18(4):347-351.

[140] 马立强.巷内充填沿空留巷围岩变形机理及其控制[D].徐州:中国矿业大学,2003.

[141] 马立强,张东升,陈涛,等.综放巷内充填原位沿空留巷充填体支护阻力研究[J].岩石力学与工程学报,2007,26(3):544-550.

[142] 阚甲广,张农,李宝玉,等.典型留巷顶板条件下巷旁充填体支护阻力分析[J].岩土力学,2011,32(9):2778-2784.

[143] 吴健,孙恒虎.巷旁支护载荷和变形设计[J].矿山压力与顶板管理,1986,3(2):2-11.

[144] 华心祝.我国沿空留巷支护技术发展现状及改进建议[J].煤炭科学技术,2006,34(12):78-81.

[145] 华心祝,赵少华,朱昊,等.沿空留巷综合支护技术研究[J].岩土力学,2006,27(12):2225-2228.

[146] 成云海,姜福兴,李海燕.沿空巷旁分层充填留巷试验研究[J].岩石力学与工程学报,2012,31(增刊2):3864-3868.

[147] 杨朋,华心祝,杨科,等.深井复合顶板条件下沿空留巷顶板变形特征试验及控制对策[J].采矿与安全工程学报,2017,34(6):1067-1074.

[148] 王亚军,何满潮,张科学,等.无煤柱自成巷开采巷道矿压显现特征及控制对策[J].采矿与安全工程学报,2018,35(4):677-685.

[149] 华心祝,马俊枫,许庭教.锚杆支护巷道巷旁锚索加强支护沿空留巷围岩控制机理研究及应用[J].岩石力学与工程学报,2005,24(12):2107-2112.

[150] 谭云亮,于凤海,宁建国,等.沿空巷旁支护适应性原理与支护方法[J].煤炭学报,2016,41(2):376-382.

[151] 唐建新,胡海,涂兴东,等.普通混凝土巷旁充填沿空留巷试验[J].煤炭学报,2010,35(9):1425-1429.

[152] 谢文兵,笪建原,冯光明.综放沿空留巷围岩控制机理[J].中南大学学报(自然科学版),2004,35(4):657-661.

[153] 谢文兵.综放沿空留巷围岩稳定性影响分析[J].岩石力学与工程学报,2004,23(18):3059-3065.

[154] 谢文兵,殷少举,史振凡.综放沿空留巷几个关键问题的研究[J].煤炭学报,2004,29(2):146-149.

[155] 宁建国,马鹏飞,刘学生,等.坚硬顶板沿空留巷巷旁"让-抗"支护机理[J].采矿与安全工程学报,2013,30(3):369-374.

[156] 黄万朋,高延法,文志杰,等.钢管混凝土支柱巷旁支护沿空留巷技术研究[J].中国矿业大学学报,2015,44(4):604-611.

[157] 王军,高延法,何晓升,等.沿空留巷巷旁支护参数分析与钢管混凝土墩柱支护技术研究[J].采矿与安全工程学报,2015,32(6):943-949.

[158] 黄艳利,张吉雄,张强,等.综合机械化固体充填采煤原位沿空留巷技术[J].煤炭学报,2011,36(10):1624-1628.

[159] 郭明杰,刘坤,何志雷,等.朱村矿膏体充填留巷技术[J].煤炭技术,2010,29(3):92-94.

[160] 杨绿刚.深部大采高充填开采沿空留巷矿压规律及协同控制研究[D].北京:中国矿业大学(北京),2013.

[161] 谢生荣,张广超,何尚森,等.深部大采高充填开采沿空留巷围岩控制机理及应用[J].煤炭学报,2014,39(12):2362-2368.

[162] 张吉雄,姜海强,缪协兴,等.密实充填采煤沿空留巷巷旁支护体合理宽度研究[J].采矿与安全工程学报,2013,30(2):159-164.

[163] 殷伟,陈志维,周楠,等.充填采煤沿空留巷顶板下沉量预测分析[J].采矿与安全工程学报,2017,34(1):39-46.

[164] 许磊.近距离煤柱群底板偏应力不变量分布特征及应用[D].北京:中国矿业大学(北京),2014.

[165] 余伟健,吴根水,袁超,等.基于偏应力场的巷道围岩破坏特征及工程稳定性控制[J].煤炭学报,2017,42(6):1408-1419.

[166] 马念杰,李季,赵志强.圆形巷道围岩偏应力场及塑性区分布规律研究[J].中国矿业大学学报,2015,44(2):206-213.

[167] 何富连,张广超.深部高水平构造应力巷道围岩稳定性分析及控制[J].中国矿业大学学报,2015,44(3):466-476.

[168] 许磊,魏海霞,肖祯雁,等.煤柱下底板偏应力区域特征及案例[J].岩土力学,2015,36(2):561-568.

[169] 潘岳,王志强,吴敏应.巷道开挖围岩能量释放与偏应力应变能生成的分析计算[J].岩土力学,2007,28(4):663-669.

[170] 杨光,孙江龙,于玉贞,等.偏应力和球应力往返作用下粗粒料的变形特性[J].清华大学学报(自然科学版),2009,49(6):838-841.

[171] 陈存礼,谢定义,高鹏.球应力往返作用下饱和砂土变形特性的试验研究[J].岩石力学与工程学报,2005,24(3):513-520.

[172] 于艺林,王富强,张建民.球应力循环加载下粒状土变形规律与本构描述[J].清华大学学报(自然科学版),2010,50(9):1365-1368.

[173] 邓国华,邵生俊,陈昌禄,等.一个可考虑球应力和剪应力共同作用的结构性参数[J].岩土力学,2012,33(8):2310-2314.

[174] 徐文彬,宋卫东,王东旭,等.三轴压缩条件下胶结充填体能量耗散特征分析[J].中国矿业大学学报,2014,43(5):808-814.

[175] 陆银龙,王连国,杨峰,等.软弱岩石峰后应变软化力学特性研究[J].岩石力学与工程学报,2010,29(3):640-648.

[176] 曹日红,曹平,张科,等.考虑应变软化的巷道交叉段稳定性分析[J].岩土力学,2013,34(6):1760-1765.

[177] Itasca Consulting Group Inc. FLAC3D(Version 2.1) users manual[Z].[S. l.]:Itasca Consulting Group Inc.,2003.

[178] 张俊文.深部大规模松软围岩巷道破坏分区理论分析[J].中国矿业大学学报,2017,46(2):292-299.

[179] 谢生荣,岳帅帅,陈冬冬,等.深部充填开采留巷围岩偏应力演化规律与控制[J].煤炭学报,2018,43(7):1837-1846.

[180] 岳帅帅,谢生荣,陈冬冬,等.15 m特厚煤层综放高强度开采窄煤柱围岩控制研究[J].采矿与安全工程学报,2017,34(5):905-913.

[181] 陈冬冬.采场基本顶板结构破断及扰动规律研究与应用[D].北京:中国矿业大学(北京),2018.

[182] 王金华,康红普,高富强.锚索支护传力机制与应力分布的数值模拟[J].煤炭学报,2008,33(1):1-6.